_______________ 드림

몬스터
마법수학

초판 1쇄 인쇄 2014년 6월 26일
초판 1쇄 발행 2014년 7월 3일

지은이 정완상
글 안치현
그림 VOID

발행인 장상진
발행처 경향미디어
등록번호 제313-2002-477호
등록일자 2002년 1월 31일

주소 서울시 영등포구 양평동 2가 37-1번지 동아프라임밸리 507-508호
전화 1644-5613 | **팩스** 02) 304-5613

ISBN 978-89-6518-108-8 63410
978-89-6518-107-1(set)

· 값은 표지에 있습니다.
· 파본은 구입하신 서점에서 바꿔드립니다.

경향에듀는 경향미디어의 자녀교육 전문 브랜드입니다.

3학년 2학기 초등 수학 개정 교과서 전격 반영

드레이크와 마법기사단 上

두자리수 곱셈 나눗셈 | 막대그래프 | 원

저자 **정완상** 글 **안치현** 그림 **VOID**

경향에듀

머리말

〈몬스터 마법 수학〉으로 초등 수학 완전 정복!

흔히들 기본에 충실하면 된다고들 말하지요. 수학의 계산에 열을 올리고 있다가 처음 문장제(문장으로 기술된 수학 문제)를 접하게 되면 초등학생들은 어떻게 식을 세워야 할지 몰라 난감한 표정을 짓게 됩니다. 그래서 이번 시리즈를 준비해 보았습니다. 초등 수학의 대표적인 유형을 동화로 풀어 쓰자는 것이 이번 기획이었지요. 스토리 작가와 수학 콘텐츠 작가와 삽화 작가 세 사람이 재미있는 책을 만들기 위해 서로의 장점을 모았습니다.

최근 스마트 폰의 열풍으로 아이들이 스마트 폰의 게임이나 채팅에 너무 많은 시간을 빼앗겨 수학 공부에 재미를 붙이기가 쉽지 않습니다. 교과서가 과거보다는 많이 나아졌지만 아이들의 흥미를 유발하기에는 아직 부족한 점이 많다는 생각에 이 책이 기획되었습니다. 이 책은 아이들이 마치 게임을 하듯이 술술 읽어 내려가면서 저절로 수학의 개념을 깨우치도록 하는 데 목적을 두었습니다.

3학년 2학기 과정은 3학년 1학기의 연장입니다. 좀 더 큰 자리 수의 덧셈을 해 보고, 곱셈과 나눗셈, 소수에 대한 과정을 공부합니다. 또한 처음으로 원이 소개되는데 원에 대해서는 정확하게 알아둘 필요가 있습니다. 그리고 통계의 기초가 되는 막대그래프에 대한 내용이 나오고 들이와 무게를 나타내는 중요한 단위에 대해 소개되어 있습니다.

이 책을 통해 아이들이 동화의 세계와 수학 공부가 따로 존재하는 것이 아니라 공존할 수 있다는 것을 알게 되었으면 합니다. 또한 스토리 텔링을 이용한 수학 공부를 통해 아이들이 수학에 점점 흥미를 가지게 되어 오일러나 가우스와 같은 훌륭한 수학자가 탄생하기를 기원해 봅니다. 끝으로 이 책이 나올 수 있도록 함께 고민한 경향미디어의 사장님과 경향미디어 편집부에 감사의 말을 전합니다.

국립 경상대학교 물리학과 교수 정완상

목차

상권

다시 시작된 시간 여행

반올림, 마법 기사가 되다?

등장인물

반올림

초등학교 6학년으로 평소에는 덤벙거리지만 한번 문제에 맞닥뜨리면 엄청난 집중력과 응용력을 발휘한다. 임기응변과 순발력이 좋다. 아름이, 일원이와는 유치원 삼총사다. 어렸을 적부터 천부적인 수학적 재능을 가지고 있었으며 장래희망은 세계적인 수학자이다.

담임 선생님으로부터 방학이 끝나면 국제 수학 올림피아드 대회에 참가할 팀을 선발한다는 소식을 접한다. 단, 세 명 이상으로 구성된 팀이어야 한다는 조건이 있다. 삼총사 중 한 명인 아름이의 삼촌이자 수학 대가인 피타고레 박사님을 찾아가 함께 지내며 방학 동안 수학을 완벽히 마스터하기로 결심한다.

아름

반올림과 같은 반의 반장으로 반올림의 단짝이다. 새침하고 도도하며 공주병 증상이 있다. 속으로 반올림을 좋아하고 있지만 겉으로는 관심 없는 척한다. 수학을 제외한 모든 과목에서는 전교 1등을 놓친 적이 없다. 국제 초등학생 미술 대회와 피아노 콩쿠르에 나가서 우승을 차지할 정도로 예능에도 대단한 실력을 가지고 있다. 자신의 콤플렉스인 수학 성적을 올리기 위해 반올림과 한 팀이 되어 수학 올림피아드 대회에 참가하기로 마음먹는다.

일원

반올림과 같은 반이며 단짝이다. 뚱뚱하고 큰 덩치를 가지고 있다. 먹는 것이라면 자다가도 벌떡 일어나고 배가 고프면 항상 반올림을 귀찮게 조른다. 집중력이 부족하고 공부 자체에 대한 열의가 없지만 방학이 시작되자마자 반올림, 아름이와 함께 놀기 위해서 억지로 섬에 따라가게 되었다.

야무진

부유한 모기업 회장님의 아들로 자칭 타칭 얼리어답터이다. 최신형 스마트 폰과 최신형 스마트 패드를 지니고 최신형 롤러 신발을 신고 있다. 과학에서만큼은 누구에게도 지지 않는다. 다만 수학은 반올림에게 뒤진다는 생각에 반올림에게 라이벌 의식을 가지고 있다. 아름이를 좋아하여 늘 반올림보다 멋져 보이려고 노력한다. 유난히 깔끔한 척을 하며 벌레와 파충류를 무서워하는 약점이 있다.

피타고레 박사

수학계의 거장이다. 덩치도 거대하고 자칭 고대 천재 수학자 피타고라스의 후예라고 지칭한다. 그래서 자신의 별명 또한 피타고레로 지었다. 어린이 수학 기초력 향상을 위해서 무인도에 연구소를 차려 놓고 운영 중이다. 순수하면서도 괴짜인 수학 박사로, 자신의 수학적 지식을 친구로부터 선물 받은 알셈이라는 로봇의 전자두뇌에 입력했다.

알셈

피타고레 삼촌이 친구에게 선물로 받은 로봇으로, 피타고레의 조수 역할을 한다. 박사와 함께 수학을 연구하는 땅딸보 로봇(키 60cm) 알셈은 인간에게 무척 얄밉고 거만하게 구는 면이 있다. 하지만 위기가 닥치면 로봇다운 힘을 발휘하기도 한다.

유령선 미카엘

원래는 수학을 지키는 천사 미카엘이었으나 죄를 짓고 벌을 받아 유령선이 되어 지구에 떨어졌다. 벌을 면제받으려면 세 명 이상의 인간에게 완벽하게 수학을 알려 주어야 한다. 반올림 일행에게 마법의 아이템을 주고 퀘스트를 통해 그 아이템들을 성장시켜 주면서 일행을 돕는다.

루시퍼

한때 신으로부터 총애받는 천사였으나 신을 배신하고 반란을 일으켰다가 처참하게 패배하여 지구로 떨어졌다. 자신을 최고의 천사에서 악마로 만든 신을 항상 원망하며 유령선 미카엘이 다시 숫자의 천사로 돌아가려는 것을 악착같이 방해한다.

드레이크

루시퍼의 부하 중 강력한 힘을 자랑한다. 전투함의 모습을 하고 있으며 용의 형상을 한 뱃머리에서는 불을 뿜고 배 옆에는 무시무시한 무기가 달려 있다.

숫자벨 여사

몬스터 유령선 안에 있는 마법 학교의 원장이다. 미카엘이 과거 천사로 있을 때 그의 조수 역할을 했던 하급 천사였다. 그녀는 유령선의 보조 역할을 하고 있으며 유령선이 태우고 있는 몬스터들에게 수를 알려 주는 것이 주된 임무이다.

해골 대장

숫자벨 여사가 데리고 있는 몬스터들의 대장으로 몬스터들 중 수학에 최고의 열정을 보여서 숫자벨 여사의 조수가 되었다.

흑기사

수수께끼의 검은 기사. 반올림 일행이 오크들과의 싸움에서 큰 위기를 맞을 때마다 어디선가 나타나 일행을 위험에서 구해 주고는 홀연히 사라진다. 검은 갑옷에 검은 투구를 쓰고 붉은 망토를 두르고 있으며 거대한 양손검을 사용한다. 수십 마리의 오크들에 홀로 맞서 싸울 만큼 막강한 힘을 가지고 있다.

용용이

반올림과 친구들이 유령선 지하에 있는 몬스터 숙소에서 만나게 되는 새끼 드래곤. 알셈만 한 덩치에 작은 날개와 뿔을 가졌으며 온몸이 하얀 것이 특징이다. 반올림과 친구들이 문제를 해결하는 데 큰 도움을 주지만 언제부터 유령선에 살고 있었는지는 아무도 모른다. 용용이라는 이름은 아름이가 지어 줬다.

프롤로그

우리의 주인공 반올림은 수학 올림피아드 우승이 목표이다. 3명이 조를 이루어야 나갈 수 있는 대회라서 방학 동안 친구들과 수학 특훈을 하기로 한다. 일원이, 아름이 그리고 야무진과 함께 아름이의 삼촌인 피타고레 박사가 있는 무인도로 여행을 떠난다. 괴짜 로봇 알셈과 피타고레 박사를 만나 수학 연구소가 있는 무인도로 가기 위해 배를 탄 반올림 일행. 그런데 갑자기 정체모를 비바람이 몰아치며 배가 침몰할 위기에 처한다.

그때 어디선가 거대한 배가 나타났고 일행은 침몰 직전 그 배에 옮겨 탔다. 놀랍게도 그 배는 과거 수학 세계의 대천사라 불렸던 유령선 미카엘이었다! 미카엘은 반올림을 포함한 일원이, 아름이에게 수학을 가르쳐 다시 천사들의 세계로 돌아가려 하고, 미카엘과 함께 지구에 떨어진 마왕 루시퍼가 그런 미카엘을 방해한다.

유령선 안에서 몬스터들과 좌충우돌 수학 대결을 펼

친 일행은 유령선 안에 있는 몬스터 마법 학교에 들어가게 되고, 당분간 그곳에서 지내는 것을 허락받게 된다. 하지만 학교 밖으로 나가서는 안 된다는 규칙을 어기고 만 일행은 해골 대왕의 저주를 받는다. 고대 이집트와 그리스 로마로 떨어진 반올림 일행은 그곳에서 수학을 배우게 된다.

곳곳에서 몬스터들을 소환해 방해하는 마왕 루시퍼에 맞서 미카엘이 준 마법의 아이템과 각자 자신 있는 분야의 지혜로 위기의 상황을 해결해 나가는 반올림과 친구들. 과연 그들은 완벽히 수학을 마스터해서 원래 세계로 돌아올 수 있을까?

수학왕 반올림과 함께 배워요!
• 네 자리 수의 덧셈과 뺄셈
• 막대그래프를 이용한 수의 크기 비교

다시
시작된
시간 여행

정완상 선생님의 **수학 교실**

1장
아직
끝나지
않은 저주

거대한 궁전의 황실 벽을 완전히 무너뜨리며 갑자기 나타난 유령선 미카엘에게 반가운 마음까지 들었다. 어차피 네로는 우리가 정확히 문제를 맞히더라도 억지로 우기며 우리를 괴롭힐 것이 분명했는데, 완벽한 타이밍에 미카엘이 등장해 주었다. 낮에 유령선의 전체 모습을 본 건 처음이었는데 그 크기가 정말 거대했다. 타고 있었을 때는 미처 보지 못했던 배의 앞모습은 무시무시한 악마의 얼굴을 하고 있었다.

"네 이놈 네로! 감히 나의 마법 학교 학생들을 괴롭히고 있었느냐!"

유령선 미카엘이 큰 목소리로 호통을 쳤다. 어찌나 목소리가 큰지 조금 전 소리쿠스의 목소리는 빽빽거리는 수준이라 생각될 정도였다. 나와 아름이, 일원이, 야무진은 모두 누가 먼저랄 것 없이 귀를 틀어막았다. 미카엘을 보고 노랗게 변한 네로의 얼굴은 미카엘의 목소리를 듣고 나서는 아예 하얗게 질려 버렸다. 네로가 덜덜 떨며 말했다.

"아, 아, 아, 아닙니다. 미카엘 님! 그럴 리가 있습니까요! 그, 그, 그저 저의 궁에는 처음 오신 분들인 것 같아 연회를 베풀고 있었습니다요!"

네로의 거짓말에 기가 찼다. 지금까지 이 고생을 시키고는 연회를 베풀었다고? 고자질쟁이가 되기는 싫었지만 이 나쁜 왕은 벌을 받아야 한다. 나는 지금까지 우리에게 했던 모든 짓을 유령선에게 사실대로 말하기로 했다.

"미카엘 님, 저 반올림입니다! 저 네로 황제가 저희에게……."

"네 이놈! 당장 아이들을 풀어 주지 못하겠느냐!"

내 말이 채 끝나기도 전에 미카엘이 큰 목소리로 네로에게 명령했다. 네로 황제는 굽실거리며 우리를 유령선 쪽으로 배웅해 주었다. 아마 꽤 오래전부터 네로는 유령선을 이렇게 떠받들며 지낸 것 같았다. 그 딱한 모습을 보아 이번만큼은 눈감아 주기로 했다.

유령선에서 사다리가 내려오고 있었다. 우리가 다시 유령선에 오르게 되는 것이 지난 퀘스트에 대한 보상인 것 같았다. 야무진이 사다리를 오르며 말했다.

"휴, 조금 고물선이긴 해도 역시 유령선 안에 있을 때가 좋았어."

"맞아. 어휴, 찝찝해. 빨리 목욕하고 싶어."

얼굴을 찡그리며 아름이도 거들었다. 나 역시 같은 생각이었다. 그때 내 위에서 사다리를 오르고 있던 일원이가 말했다.

"아! 올림아! 저 네로 녀석한테 빵이랑 고기를 왕창 받아내는 건 어때?"

일원이는 죽을 뻔했던 그 와중에도 소리쿠스가 줬던 로마의 식사가 꽤나 마음에 들었나 보다.

"지금 그런 소리가 나오냐! 이게 다 네가 학교를 멋대로 나가 버렸기 때문이잖아!"

유령선에 올라서서도 한참을 툭탁거리며 일원이와 실랑이를 하고 나니 더 지쳐 버렸다. 다시 만난 숫자벨 여사는 우리

를 따뜻하게 맞아 주었다. 우리는 숫자벨 여사가 준비한 맛있는 빵과 치즈를 먹으며 그곳에서 겪었던 일들을 앞다투어 이야기했다. 모험담이 끝나자 숫자벨 여사가 말했다.

"고생했어요. 하마터면 마왕 때문에 큰 봉변을 당할 뻔했군요. 약속대로 수학 공부를 마쳤으니 우선 오늘밤은 푹 쉬도록 해요."

"우와, 정말 맛있다! 이런 공부라면 얼마든지 할게요!"

빵을 입에 잔뜩 물고 일원이가 말했다. 이어서 아름이가 말했다.

"그런데 숫자벨 여사님, 배 안에 목욕탕 같은 곳은 없나요?"

"아, 목욕탕 말이군요. 이 배에는 잠깐 몸을 담그기만 해도 온몸의 피로가 모두 가시는 커다란 마법의 목욕탕이 있답니다."

"우와! 저희도 거기 갈 수 있을까요?"

"호호호, 하지만 제대로 씻을 수 있을지 모르겠군요. 목욕탕은 저쪽 계단을 따라 쭉 내려가면 돼요."

'제대로 씻을 수 있을지 모르겠다.'는 말이 조금 걸렸지만 어차피 이 고물선에서 샤워기까지 기대한 건 아니니까…… 물만 나오면 되지 뭐!

우리는 주섬주섬 갈아입을 옷들을 챙기고 숫자벨 여사가 말한 목욕탕으로 향했다. 피타고레 박사님께도 권했지만 "나는 자기 전에

절대 씻지 않는다."라며 그대로 곯아떨어지셨고, 로봇이기 때문에 씻을 필요가 없는 알셈은 유령선의 뱃머리에서 '타이타닉' 자세를 취하며 번개 충전을 기다리고 있었다. 아무튼 나와 아름이, 일원이, 야무진 이렇게 넷이 목욕탕 앞에 도착하자 갑자기 시간이 멈췄다.

"뭐예요? 설마 퀘스트를 클리어하지 못하면 목욕탕에 못 들어가는 거예요?"

"후후후, 그럴 리가. 퀘스트를 포기해도 목욕탕에는 얼마든지 들어갈 수 있다. 단, 물은 나오지 않을 거야. 어때? 포기할 텐가?"

어휴, 그럼 그렇지. 숫자벨 여사가 말한 것이 이것이구나.

"올림아! 꼭 클리어해 줘! 나 정말 찝찝하단 말이야……."

귀찮은데 그냥 씻지 말고 잘까 하는 생각도 잠깐 들었지만, 꾀죄죄한 행색의 아름이가 부끄러워하며 말하는 모습을 보니 안쓰러운 생각이 들었다.

"좋아요, 문제를 내주세요."

"후후, 좋다. 이 목욕탕이 특별한 이유는 온몸의 피로를 모두 없애 주는 마법의 돌들로 만들어졌기 때문이지. 목욕탕을 만들 때 파란색 마법의 돌 4971개, 하얀색 마법의 돌 3824개가 사용됐다. 그렇다면 마법의 돌은 총 몇 개가 사용됐지?"

이 문제는 4971 + 3824의 답을 구하는, 네 자리 수의 덧셈 문제이다. 받아 올림에서 실수만 하지 않으면 간단히 풀 수 있다. 우선 일의 자리 수끼리 더하면 1 + 4 = 5이므로 일의 자리 수는 5, 십의 자리 수끼리 더하면 7 + 2 = 9니까 십의 자리 수는 9이다. 백의 자리 수는 9 + 8 = 17이 된다. 우선 백의 자리 수는 7이 되고, 1은 천의 자리로 받아 올림을 하니까 천의 자리 수는 4 + 3 + 1 = 8이 된다. 그러니까 4971 + 3824를 계산하면 8795!

"마법의 돌은 전부 8795개가 사용됐어요. 자, 약속대로 물을 쓰게 해 주세요!"

"좋다, 약속대로 물을 사용하게 해 주지. 하지만 따뜻한 물이라고는 안 했다. 얼음물이지."

"너무해요!"

"진정해. 문제가 끝나지 않은 것뿐이다. 그렇다면 파란색 마법의 돌은 하얀색 마법의 돌보다 몇 개가 더 많지? 이것까지 맞추면 따뜻한 물을 쓰게 해 주겠다."

이번엔 네 자리 수의 뺄셈 문제이다. 처음부터 문제가 두 개라고 말하지 왜 사람을 울컥하게 한담?

"어이, 반올림. 빨리 풀어. 난 평생 차가운 물로 씻어 본 적이 없는 고귀한 사람이라고."

야무진의 말이 나를 또 울컥하게 만들었지만 꾹 참고 차분히 문제를 풀기로 했다.

4971 − 3824를 계산하면 된다. 먼저 일의 자리 1에서 4를 뺄 수 없으니까 십의 자리에서 10을 빌려 오면 10 + 1 − 4 = 7이므로 일의 자리 수는 7이 된다. 십의 자리 7은 일의 자리에 10을 빌려 주어 6이 되고, 거기에서 2를 빼니까 십의 자리 수는 4가 된다. 백의 자리는 9 − 8 = 1이니까 1이고, 천의 자리는 4 − 3 = 1이니까 마찬가지로 1이다.

"4971 − 3824를 계산하면 1147! 파란색 마법의 돌이 하얀색 마법의 돌보다 1147개 많아요."

내 말이 끝나자 드르륵 하고 목욕탕의 문이 열렸다. 아름이는 여탕에서, 우리 셋은 남탕에서 찝찝한 몸을 개운하게 씻을 수 있었다. 생각보다 훨씬 큰 마법의 목욕탕에는 정말 마법의 힘이 있는지 온몸의 피로가 거짓말처럼 싹 가셨다. 목욕을 끝내고 노곤해진 우리

는 숙소에 들어가 그대로 곯아떨어졌다.

얼마나 잤을까, 알셈의 요란한 알람 소리에 눈이 번쩍 뜨였다.

"아악! 시끄러워, 알셈!"

"이봐, 꼴뚜기. 지금 늦잠 잘 때가 아니야. 숫자벨 여사가 우릴 모두 불렀어."

"아침부터?"

"그래. 올림아, 어서 가 보자. 몬스터들도 모두 모여 있대."

무슨 일일까? 별의별 생각이 내 머릿속을 오갔다. 아무튼 옷을 주섬주섬 챙겨 입고 숫자벨 여사와 몬스터들이 모여 있다는 회의장 쪽으로 향했다. 피타고레 박사님과 일원이는 꾸벅꾸벅 졸면서 따라오고 있었다. 도착한 곳은 배 안이라고 하기에는 말도 안 될 정도로 넓은 회의장이었다. 뉴스에서 가끔 보았던 국회의사당 같은 모습이었다. 우리는 그 회의장 한가운데로 안내되었다. 수많은 몬스터들과 숫자벨 여사가 우리를 중심으로 빙 둘러앉아 있는 모양새가 되어 그들의 시선이 자연스레 우리에게 모아졌다.

"어서 와요. 기다리고 있었습니다."

차분한 목소리로 숫자벨 여사가 우리를 향해 말했다. 하지만 모여 있던 다른 몬스터들은 금방이라도 우리를 잡아먹을 듯 이글이글 불타는 눈빛을 뿜어내고 있었다.

“여러분이 무사히 유령선에 다시 돌아와 주어 기쁩니다. 하지만 학교 밖으로 나가서는 안 된다는 금기를 어긴 여러분의 죄는 큽니다. 벌이 너무 가볍다는 많은 몬스터들의 의견이 있었어요.”

“말도 안 됩니다. 애초에 저희와 하신 약속과 다르잖아요!”

야무진과 아름이, 일원이도 화가 났는지 내 말이 끝나기 무섭게 거들었다.

"맞아요! 저희가 얼마나 고생을 했다고요!"

"저 같은 미소녀가 하루 종일 세수도 못했다고요!"

"수학 공부도 얼마나 열심히 했는데요!"

숫자벨 여사가 말을 이었다.

"알고 있습니다. 하지만 지금까지 금기를 어겼던 몇몇 몬스터들은 100년 동안 감옥살이를 하거나 10년 동안 유령선의 노를 젓거나 1년 동안 화장실을 가지 못하는 벌을 받았어요."

'마지막 형벌은 조금 이상한데?'라고 생각하는 찰나 이번엔 해골 대왕이 말했다.

"그래서! 우리 몬스터들이 직접 회의한 결과 너희에게 임무를 하나 주기로 했다. 이것을 해결하면 너희를 우리의 친구이자 동료로 받아들여 주기로 했다!"

별로 해골 대왕과 친구하고 싶은 마음은 없었지만 그다음에 이어진 숫자벨 여사의 말이 내 귀를 쫑긋하게 했다.

"만일 여러분이 이 임무를 해결한다면 금기를 어긴 일을 더 이상 문제 삼지 않겠어요. 뿐만 아니라 여러분에게 큰 상을 내리고 원래 세계로 무사히 돌려보내 주도록 하지요."

우리는 모두 눈이 휘둥그레졌다. 임무 하나만 해결하면 집으로 돌아갈 수 있다! 나는 침을 꿀꺽 삼키며 말했다.

"그럼, 그게 어떤 임무인가요?"

"그건 내가 직접 말해 주지."

그때였다. 쩌렁쩌렁한 미카엘의 목소리가 들려왔다. 미카엘의 목소리에 몬스터들도 웅성거리며 동요하고 있었다. 숫자벨 여사가 당황한 말투로 말했다.

"미카엘 님! 어찌 직접 말씀하십니까? 인간들이 '사실'을 알아서는 안 됩니다!"

"괜찮다. 이 아이들은 내가 선택한 아이들이다. 내가 직접 '모든 것'을 알려 주겠다."

둘의 대화로 짐작해 보건대 숫자벨 여사는 지금까지 우리에게 무언가를 숨기고 있었던 것 같았고, 미카엘은 사실대로 모두 말해 주려고 마음먹은 것 같았다.

"우선 임무에 앞서 정식으로 내 소개를 하지. 너희 인간들이 태어

나기도 훨씬 전에 수학의 신 매스라는 분이 계셨다. 그분의 곁에는 수많은 수학 천사들이 있었고, 나는 그중에서도 매스 님 다음으로 높은 지위인 수학 대천사 미카엘이었다. 그러던 어느 날 나와 같은 힘을 가진 또 다른 천사 루시퍼가 함께 신을 공격하고 우리 둘이 수학의 신이 되자는 제안을 해 왔지."

"그, 그래서 수학의 신과 싸운 건가요?"

"나는 루시퍼의 제안을 거절했지만 차마 그와의 우정을 생각해 매스 님께 그 사실을 알리지는 않았다. 하지만 매스 님은 이 모든 사실을 알고 계셨지. 우리 둘은 천계에서 지상으로 추방당했고, 나는 이렇게 유령선이 되어 기약 없이 바다를 헤매는 신세가 되었다."

놀라운 이야기였다. 미카엘이 유령선의 모습으로 지상에 떨어진 수학 대천사였다니! 그때 아름이가 유령선의 천장에 대고 말했다.

"그럼, 그 루시퍼라는 대천사는 어떻게 되었나요?"

"그는 악마가 되었다. 너희가 피라미드에서 잠깐 보았던 그 검은 그림자가 바로 루시퍼다. 그는 어둠에서밖에 살 수 없는 사악한 악마가 되었지. 매스 님과 나를 저주하며 복수할 기회만을 호시탐탐 엿보고 있다."

그 말에 나는 피라미드에서 보았던 검은 악마 루시퍼의 모습이

떠올랐다. 아주 잠깐이었지만 온몸이 얼어붙는 듯한 그 공포는 쉽게 잊혀지지 않았다. 미카엘의 말을 듣고 보니 지금까지의 상황이 비로소 이해가 됐다. 그때 숫자벨 여사가 말했다.

"바로 그 마왕 루시퍼의 부하 몬스터들이 과거의 시간에 나타났어요. 여러분이 그곳에 나타난 몬스터들을 무찌르고 과거의 사람들을 지켜 줘야만 합니다. 그게 우리가 여러분에게 주는 마지막 임무입니다."

잠깐만, 그 무시무시한 루시퍼의 부하 몬스터들과 싸우라고? 숫자벨 여사의 호통이 조금 무섭긴 했지만 나는 용기 내서 말했다.

"저희 같은 초등학생이 어떻게 그런 몬스터들에 맞서 싸우라는 거예요? 미카엘 님이 직접 싸울 수는 없는 건가요?"

"아쉽게도 나와 루시퍼는 지상으로 추방되면서 대부분의 힘을 잃었다. 나는 시간을 멈추거나 시간을 여행하는 힘 외에는 남은 것이 없어. 기껏해야 마법의 돌로 목욕탕을 만드는 정도이지. 쉽게 말해 이 배를 벗어나면 힘을 쓸 수 없다. 그래서 직접 싸울 수 없어."

"그래요. 그리고 그건 어둠 속에서만 힘을 쓸 수 있는 루시퍼도 마찬가지죠. 하지만 루시퍼는 어둠 속에서 자신의 부하 몬스터들에게 힘을 나눠 주고 있어요. 그 부하들이 마법을 사용할 수 있는 거죠."

미카엘과 숫자벨 여사의 말을 들으니 이해가 됐다.

"그, 그래도 싸움은 저희 같은 초등학생들보다는 여기 이 몬스터들이 더 잘할 것 같은데……."

야무진이 일원이를 번쩍 들쳐 업기도 했던 커다란 트롤을 가리키며 말했다.

"우리는 수학 천사들이다. 루시퍼의 부하들 역시 수학의 힘을 사용하기 때문에 단순히 힘만 세다고 이길 수 있는 게 아니야. 너희들이 내 배 안에서 가장 수학을 잘하기 때문에 나는 너희를 선택한 것이다."

"자, 잠깐만요. 저희끼리 상의할 시간을 조금 주세요."

나는 친구들과 박사님, 알셈을 불러 머리를 맞대고 이 사태에 대해 의논하기 시작했다. 먼저 말을 꺼낸 것은 아름이었다.

"일단 루시퍼라고 하는 그 마왕은 우리가 맞서 싸울 수 있는 상대가 아닌 것 같아. 그래도 저번에 피라미드에서 만났던 스켈레톤 정도의 몬스터라면 우리도 싸울 수 있지 않을까?"

"그, 그렇지만 정말 수학의 힘만으로 물리치는 게 가능할까? 스켈레톤보다도 더 무시무시한 몬스터들이 있을지도 모르잖아."

겁먹은 듯한 야무진에게 일원이가 말했다.

"우리에겐 마법의 아이템이 있잖아! 내 헤드셋과 아름이의 팔찌, 올림이의 목걸이만 있으면 그까짓 몬스터쯤이야! 안 그래?"

확실히 일원이의 말도 일리는 있었다. 피라미드에서 그 아이템들의 성능은 우리가 직접 확인했으니까. 하지만 정말 우리끼리 괜찮을까? 위험하지는 않을까?

"어쨌든 우리가 가지 않는다고 하면 원래 있던 세계로 곱게 돌려

보내줄 것 같진 않구나. 여기 몬스터들도 우리를 안 좋게 보고 있고 말이지."

박사님의 말에 주위를 한번 둘러보았다. 많은 몬스터들이 여전히 우리를 무섭게 노려보고 있었다.

"일단 하는 데까지 해봐야지 어쩌겠어. 정 위험한 상황이 오면 전처럼 우리 미카엘 님이 데리러 와 주시겠지."

알셈은 어느새 '우리 미카엘 님'이라는 호칭을 쓰며 미카엘과 유령선 안의 몬스터들에게 잘 보이려 하고 있었다. 약삭빠른 녀석. 사실 내 생각도 크게 다르지는 않았다. 어쨌든 우리는 원래 있던 세계로 돌아가야만 했다. 마음을 굳게 먹은 뒤 미카엘에게 말했다.

"좋아요. 대신에 확실히 약속해 주세요!"

잠시 생각하는 듯 뜸을 들이더니 미카엘이 말했다.

"말해 보거라."

"과거에 나타난 그 몬스터들만 무찌르고 나면 저희를 원래 세계로 보내 주시는 거죠?"

"물론이다. 약속하지. 그럼 출발하도록 해라."

미카엘이 말을 마치자 숫자벨 여사가 말을 이었다.

"몬스터들은 지금 중세 유럽에 출현했어요. 전처럼 위험한 상황이 오면 내가 마법의 전파를 이용해 여러분 머릿속으로 이야기를 해 줄 테니 너무 걱정하지 말아요."

"중세 유럽이요?"

"그게 뭐야? 나라 이름이야?"

일원이의 질문에 피식 웃음이 나왔다. 나도 역사는 잘 모르지만 그 정도는 아니었다. 그때 역사 문제라면 언제나 자신 있는 아름이가 말했다.

"중세 유럽은 게르만 민족의 대이동이 있었던 5세기경부터 동로마 제국이 멸망한 15세기까지의 약 천 년 동안의 기간을 말하는 거야. 우리나라로 치면 고려 시대와 비슷한 시대지."

아름이의 설명을 들으며 우리는 숫자벨 여사를 따라 배의 갑판으로 올라갔다. 미카엘은 빠른 속도로 하늘 높이 날고 있었다. 그때 야무진이 숫자벨 여사에게 말했다.

"그런데 몬스터들과 싸우러 가는데 하다못해 무기라도 하나 주셔야 되는 거 아니에요?"

"맞아요! 미카엘 님이 쓰던 전설의 무기 같은 건 없나요? 아서왕의 엑스칼리버 같은 거요!"

일원이가 흥분하며 말했다. 확실히 이 배 안에 그런 게 있어도 이상할 건 없지만…… 초등학생인 우리가 쓸 수는 있을까?

"걱정하지 말아요. 여러분이 가진 아이템들이 때가 되면 마법의 힘을 발휘할 겁니다. 여러분의 수학 지식이 쌓여갈 때마다 그 아이템들도 업그레이드될 거예요."

그 말을 듣고 보니 문득 우리가 피타고레 박사님의 배를 기다리고 있을 때 만났던 할아버지가 생각났다. 그 할아버지는 우리의 목걸이와 팔찌, 헤드셋이 우리를 지켜 줄 거라고 했었다. 대체 그 할아버지는 누구였지? 그런 생각을 하고 있을 때 갑자기 숫자벨 여사의 뒤에 있던 해골 대왕이 다가왔다.

"자, 이쯤인 것 같군. 무사히 임무를 수행하도록!"

헉! 해골 대왕은 갑자기 우리를 유령선 바깥으로 우루루 밀어내버렸고, 우리는 괴성을 지르며 유령선 아래로 떨어지기 시작했다. 난 고소공포증이 있다고!

"으아아악! 이게 무슨 짓이야! 숫자벨 여사님 도와줘요!"

"걱정 말아요. 마법의 힘으로 보호될 겁니다! 잘 다녀와요!"

숫자벨 여사는 배 갑판에서 떨어지고 있는 우리를 향해 해맑게 웃으며 손을 흔들었다.

2장 중세 시대로 떨어진 반올림 일행

우리가 정신을 차린 곳은 허름한 마구간 안이었다. 정말 마법의 힘으로 보호된 것인지 추락을 했는데도 아픈 곳이 하나도 없었다. 그보다 더 신기한 건 우리들의 바뀐 옷차림이었다. 나와 일원이는 온몸에 무거운 갑옷이 씌워져 있었고, 야무진과 피타고레 박사님은 비교적 편해 보이는 중세풍 옷이 입혀져 있었다.

"으악, 뭐야 이 갑옷은?"

"엄청 무거워……."

나와 일원이는 갑옷이 무거워서 몸을 일으키기조차 힘들었다.

"얘들아, 나 좀 봐."

아름이의 목소리에 뒤를 돌아본 우리는 헉 하고 숨을 삼켰다. 아름이는 꼭 동화 속에 나오는 공주님처럼 예쁜 드레스를 입고 있었고, 비싸 보이는 목걸이와 귀걸이까지 하고 있었다.

"이 드레스 완전 예뻐! 이게 어떻게 된 거지?"

그때 숫자벨 여사의 목소리가 들려왔다. 이번엔 나 혼자가 아니라 우리 모두 들을 수 있었다.

"여러분이 시간 여행을 하면서 현대의 옷을 입고 있기 때문에 그 시대의 사람들이 수상하게 보는 것 같아요. 앞으로 가는 곳마다 이번처럼 그 시대의 옷으로 자연스럽게 갈아입혀 주도록 할게요."

좋은 아이디어이긴 하지만 나랑 일원이는 왜 하필 갑옷이지?

"그런데 기왕이면 저희도 편한 옷으로 주시지. 왜……."

"하하하, 척 보면 모르겠어? 나나 박사님, 아름이는 유럽의 귀족이고, 너희는 갑옷을 입은 걸로 봐서 우리를 지키는 호위 기사 같은 컨셉이잖아."

야무진의 말이 틀린 것 같지는 않았지만 화려하게 입은 아름이라면 몰라도 박사님이나 야무진의 허름할 정도로 편해 보이는 저 옷은 아무리 봐도 귀족 같지는 않았다. 그때 숫자벨 여사가 말했다.

"후후. 반은 맞고 반은 틀렸어요. 하지만 중세 유럽에서 기사는 낮은 신분이 아니랍니다. 아름 양을 귀족의 아가씨로 설정하고, 피타고레 박사님은 마부, 야무진 군은 하인으로 설정했어요. 반올림 군과 일원 군은 아름 양의 가문에 소속된 기사처럼 행동해 주세요."

"네?! 하, 하, 하인이라니요! 이 고귀한 제가 왜!"

야무진은 계속 투덜거렸지만 사실 나는 야무진의 하인 복장이 부러웠다. 내 온몸에 둘러진 갑옷이 정말 무거웠기 때문이다.

"조금 불편하긴 하지만 전처럼 이상한 오해를 받는 것보다는 나

을 것 같아."

"무슨 소리야, 불편하다니? 아주, 대단히 마음에 들어! 호호호."

아름이는 귀족 아가씨 설정이 꽤나 마음에 든 것 같았다.

"얘들아, 여기를 좀 봐라. 마차가 있구나."

우리는 우선 가장 수상해 보일 수 있는 알셈을 마차 안에 꽁꽁 숨겨 두었고, 그다음 아름이를 마차에 태웠다. 마부인 박사님이 마차를 몰고, 기사인 나와 일원이는 마차 옆을 호위하기로 했다. 물론 하인인 야무진은 뒤에서 걸어오도록 했다. 일단 우리는 가까운 마을로 가 보기로 했다. 한 20분쯤 걸었을까 마을의 입구가 보였다. 마을의 입구를 지키는 기사가 내게 말을 걸었다.

"멈추시오. 어디에서 온 분들이시오?"

다행히 숫자벨 여사의 '대화가 통하는 마법'은 계속 유지되고 있었다. 기사는 우리의 복장을 보고 이상한 사람이라고 의심하는 것 같지는 않았다. 다만 마을에 들어가려면 무슨 말이라도 지어내야 했다. 대꾸할 말을 생각하고 있었는데, 갑자기 야무진이 나섰다.

"아, 우리는 그러니까……."라고 야무진의 말이 채 끝나기도 전에 기사가 인상을 팍 쓰며 야무진을 향해 말했다.

"너에게 묻지 않았다. 어찌 감히 하인 놈이 기사와 말을 섞으려 하느냐?"

"뭐, 뭐라…… 읍!"

"하하하, 죄송합니다요, 기사님. 이놈이 혼잣말을 하는 버릇이 있지요."

피타고레 박사님이 다급하게 야무진의 입을 틀어막았다. 겉보기에도 배고파 보이는 옷을 입고 있는 야무진을, 문지기는 단박에 하인이라고 알아본 것 같았다. 피타고레 박사님이 발버둥치는 야무진을 뒤로 끌어냈을 때 내가 나서서 말했다.

"아, 저희는 저 마차에 타고 계시는 명문 가문의 아가씨를 모시고 여행 중입니다. 이 마을에서 잠시 쉬어갈 수 있겠습니까?"

아름이가 마차의 창문을 열고 손을 살짝 내밀어 흔들었다.

"흠……그렇소? 헌데 실례지만 어디에서 온 어떤 가문이신지?"

갑자기 말문이 막혔다. 대충 명문이라고 하면 넘어갈 줄 알았는데! 뭐라고 말하지?

"에헴! 우리는 북쪽의 해리포터 가문에서 왔소이다! 어서 길을 비켜 주시오!"

일원이가 불쑥 대답했다. 당황한 나는 일원이이게 바싹 붙어 귓속말을 했다.

"해리포터 가문이라니, 그게 뭐야?"

"내가 제일 좋아하는 영화야. 대충 영어 이름이니까 그럴싸하잖아!"

어휴, 그런 게 통할 리가 없잖아! 대체 이걸 어떻게 수습해야 할지 고민하고 있을 때 문지기가 말했다.

"아하, 그렇군요. 사실 저는 이 마을에서만 지내서 다른 가문은 잘 모릅니다. 들어오시지요."

다행히 문지기는 그렇게 똑똑한 기사는 아닌 것 같았다. 아무튼 무사히 들어온 그 마을은 생각보다 크고 번잡했다. 우리는 일단 마차에서 아름이를 내리게 하고 알셈은 대충 아무 보자기나 덮은 뒤 끈을 연결해 잡다한 짐인 척 위장했다. 그리고 피타고레 박사님이 꽤 무거운 알셈을 등에 멨다. 박사님 등에 업히면서도 알셈은 쫑알쫑알 말이 많았다.

"아니, 이 최첨단 로봇인 내가 뭐가 부끄럽다고 숨기는 거야!"

"널 메고 다녀야 되는 나는 오죽 힘들겠니. 조금만 참아라, 알셈."

알셈은 계속 투덜댔지만 중세 시대의 사람들이 로봇을 보게 된다면 우리는 또 수상한 사람 취급을 받을 게 뻔했다. 어떻게든 알셈만은 들키지 않게 숨겨야 했다. 다행히 지금까지는 우리를 수상하게 보는 사람은 없었다.

"올림아, 저길 봐! 사람들이 잔뜩 모여 있어."

아름이가 가리킨 곳은 마을 중앙에 위치한 광장이었다. 정말 무슨 구경거리라도 났는지 사람들이 와글와글 모여 떠들고 있었다.

"혹시 저기에 몬스터가 나타난 건 아닐까?"

우리는 사람들 사이를 헤집고 광장으로 가 보았다. 그곳에는 네 명의 광대들이 있었는데 저마다 공도 던지고 재주도 구르며 화려한 공연을 펼치고 있었다.

"와, 정말 신기하다!"

"우리 이것 좀 보고 가자!"

아름이와 야무진이 광대들의 공연에 빠져드는 바람에 우리는 하는 수 없이 그곳에서 얼마간 광대들의 공연을 보게 되었다. 공연이 모두 끝나자 사회자가 구경하고 있던 사람들에게 네 가지 색깔의 주사위와 상자를 내밀었다.

"이게 뭡니까?"

"자자, 투표해 주십시오. 네 명의 광대 중 어떤 광대가 가장 재미있으셨는지요? 가장 마음에 드신 광대의 옷 색깔과 같은 색의 주사위를 이 통 안에 넣어 주시면 됩니다!"

가만 보니 주사위는 네 명의 광대들이 입고 있는 옷과 같은 색깔인 빨강, 노랑, 파랑, 검정이었다. 우리를 포함해 그곳에 있던 많은 사람들이 마음에 드는 광대의 옷 색깔과 같은 색의 주사위를 골라

투표를 했다. 나는 재주넘기를 하던 빨간 옷을 입은 광대가 제일 재미있어서 빨간 주사위를 통 안으로 넣었다. 일원이와 야무진은 노란색 주사위를 통 안으로 넣으며 말했다.

"입으로 불을 뿜던 노란 옷을 입은 광대가 제일 재미있었어."

아름이는 파란색 주사위를 넣으며 말했다.

"무슨 소리야, 접시를 돌리던 파란 옷을 입은 광대가 제일 재미있었지."

박사님은 검은색 주사위를 넣으며 말했다.

"외발자전거를 타면서 공까지 돌리던 검은 옷을 입은 광대가 우승감이지!"

우리는 각자 자신이 투표한 광대가 제일 재밌다며 티격태격 말다툼을 벌이다가 자신이 투표한 광대가 1위를 하면 나머지 사람이 맞춘 사람에게 아이스크림을 사 주기로 했다. 물론 원래 세계로 돌아가야 가능한 이야기이지만 우리는 손에 땀을 쥐고 1위 결과를 기다렸다.

"이봐 인간들, 그런데 여기서 이러고 있어도 되는 거야? 몬스터들을 찾아야지."

우리의 그런 모습이 한심했는지 박사님의 등에 보자기를 뒤집어쓰고 매달려 있던 알셈이 한마디 했다.

"기다려, 이건 승부라고! 누가 1등 하는지만 보고 가자!"

내가 이글이글 불타는 눈동자를 하자 알셈은 투덜거리긴 했지만 더 이상 보채지 않았다. 사실 나는 아까부터 화장실이 가고 싶었는데, 1위 결과가 너무 궁금해서 차마 갈 수가 없었다. 이윽고 사회자는 통 안에 든 많은 주사위를 탁자 위에 쏟아내고 하나둘 숫자를 세는 듯 하더니 조금 난처한 표정을 지었다. 그리고는 말했다.

"에, 그, 그럼! 기다리고 기다리시던 우승자를 발표하겠습니다!"

꿀꺽. 우리는 모두 숨죽여 사회자의 다음 말을 기다렸다.

"광대 경연대회 시즌3! 올해의 우승자!"

두근두근.

"우승자는 바로!"

두근두근.

"60초 후에 공개합니다!"

"아우, 진짜!"

나뿐 아니라 많은 사람들이 아쉬움 섞인 탄성을 내뱉었다. 대체 왜 저렇게 뜸을 들이며 1위를 발표하는 거람. 나는 거의 한계에 다다랐다. 발표만 끝나면 화장실로 총알처럼 뛰어갈 것이다. 사회자는 60초 동안 혼자서 계속 바쁘게 뭔가를 하는 것 같았다. 드디어 60초가 흘렀다.

"오래 기다리셨습니다. 올해의 우승자를 발표합니다!"

꿀꺽. 두근두근.

"올해의 광대! 1위는 바로!"

쿵쾅쿵쾅.

"5, 50초 후에 공개합니다!"

"으아아악!"

더는 못 참아! 흥분한 나는 사회자에게 다가가 말했다.

"이봐요! 지금 제가 기다릴 수 있는 상황이…… 아니, 그보다 왜 자꾸 이렇게 뜸을 들이는 거예요?"

그러자 당황한 사회자는 난처한 표정을 지으며 말했다.

"아, 기사님. 실은 그게…… 생각보다 너무 많은 사람들이 투표를 해서…… 숫자를 세는 데 시간이 오래 걸려서 말입죠."

사회자의 말을 듣고 주사위들을 쏟아 놓은 탁자를 살펴보았다. 빨강, 노랑, 파랑, 검정 주사위들이 뒤죽박죽 섞여 있었는데 그 수가 백 개도 넘어 보였다. 확실히 한 사람이 일일이 다 세기엔 버거워 보이긴 했다.

"음, 아무래도 이 많은 주사위를 혼자서 일일이 세다 보니까 시간이 오래 걸리는 것 같구나."

어느새 옆에 다가온 박사님이 섞여 있는 주사위를 보며 말씀하셨다.

"우리가 조금 도와드릴까? 각자 한 가지 색깔씩 맡아서 숫자를 세면 될 것 같은데."

일원이의 말에 갑자기 묘수가 떠올랐다. 이렇게 종류별 수의 크기를 비교할 때는 일일이 세는 것보다 쉬운 방법이 있다. 바로 막대그래프!

“종류별 수의 크기를 비교하는 거라면 일일이 숫자를 셀 필요가 없어요. 자, 각각의 주사위를 우선 색깔에 맞게 이렇게 분류해 놓고…….”

나는 손으로 주사위들을 색깔별로 분류했다. 숫자는 세지 않고 색깔만 맞춰서 빠르게 네 묶음으로 나누었다.

“자, 이제 이 주사위들을 차곡차곡 쌓아서 위로 세우면 돼요.”

박사님이 내 의도를 알았는지 무릎을 탁 치며 말씀하셨다.

“오호, 올림이가 막대그래프의 원리를 이용했구나! 쌓아서 가장 높은 색의 주사위가 가장 많은 득표를 한 거지”

내 말대로 사회자는 주사위들을 빠르게 쌓기 시작했다. 그리고 곧바로 발표가 이어졌다.

"올해의 우승자는 파란 옷을 입은 광대입니다! 축하해 주십시오!"

아름이가 투표한 광대가 우승했다. 난 축하 인사도 잊은 채 화장실을 찾아 빛의 속도로 뛰어갔다. 화장실에 가서도 기사의 갑옷이 잘 벗겨지지 않아 한참을 낑낑대고 나서야 겨우 볼일을 볼 수 있었다. 정말 위험했다.

화장실에서 나오자마자 하인, 아니 야무진이 헐레벌떡 뛰어오더니 말했다.

"반올림! 큰일 났어! 모, 모, 몬스터들이 마을에 들이닥쳤다고!"

"뭐?!"

나는 헐레벌떡 마을 광장으로 뛰쳐나왔다. 광장은 비명을 지르며 도망치는 사람들로 아수라장이 되어 있었고, 저 멀리 초록색 피부에 거대한 몸집을 가진 몬스터들이 마을로 들이닥치고 있었다. 그들 손에는 무시무시하게 생긴 망치나 도끼가 들려 있었다. 그 모습을 본 야무진이 소리쳤다.

"으악! 오크다 오크! 게임에서만 보던 그 오크!"

오크고 뭐고 일단 아름이와 박사님, 일원이가 있는 곳을 찾아야

했다. 하지만 이리저리 밀치며 도망치는 인파 때문에 한발자국 움직이기도 힘들었다. 그때 저 멀리 아름이와 일원이, 박사님과 알셈이 보였다. 그리고 그 앞에는 거대한 한 마리의 오크가 일행을 무섭게 노려보며 서 있었다.

"아름아! 도망쳐!"

아름이와 알셈, 일원이는 피타고레 박사님의 품에서 덜덜 떨고 있었고, 박사님도 겁에 질린 표정으로 오크를 올려다보고 있었다. 무시무시한 도끼를 든 오크는 큰 키의 박사님보다도 두 배는 더 커 보였다. 한시가 급하다! 빨리 가까이 가야 하는데, 역방향으로 대피하는 사람들 때문에 도저히 가까이 갈 수가 없었다.

"꺄아아악! 도와주세요!"

아름이가 비명을 질렀고, 그 순간 오크는 당장이라도 내리칠 듯 도끼를 확 들었다.

"안 돼!"

여러분, 본문 속에 녹아 있는 네 자리 수의 덧셈과 뺄셈에 대해서 더욱 자세히 알아볼까요?

1 네 자리 수의 덧셈은 어떻게 할까요?

네 자리 수에 겁먹지 말고 차근차근 받아 올림을 하면 돼요. 그럼 3524 + 2658을 풀어 볼까요? 먼저 일의 자리의 합이 10이 넘으면 1을 십의 자리로 받아 올림을 해요. 그리고 남은 수가 일의 자리 수가 됩니다. 4 + 8 = 12니까 1을 십의 자리로 받아 올림을 하면, 일의 자리는 2가 되겠죠?

마찬가지로 십의 자리 숫자의 합이 10을 넘으면 1은 백의 자리로 받아 올림을 하고 남은 수가 십의 자리가 수가 됩니다. 2 + 5 = 7이지만 일의 자리에서 받아 올림한 1을 더해 주면 2 + 5 + 1 = 8이 되어 십의 자리 수는 8이겠죠? 십의 자리 숫자의 합이 10을 넘지 않았으므로 백의 자리로 받아 올림은 없어요.

$$\begin{array}{r} {\scriptstyle 1} \\ 3\,5\,2\,4 \\ +\ 2\,6\,5\,8 \\ \hline 2 \end{array} \quad \Rightarrow \quad \begin{array}{r} {\scriptstyle 1} \\ 3\,5\,2\,4 \\ +\ 2\,6\,5\,8 \\ \hline 8\,2 \end{array}$$

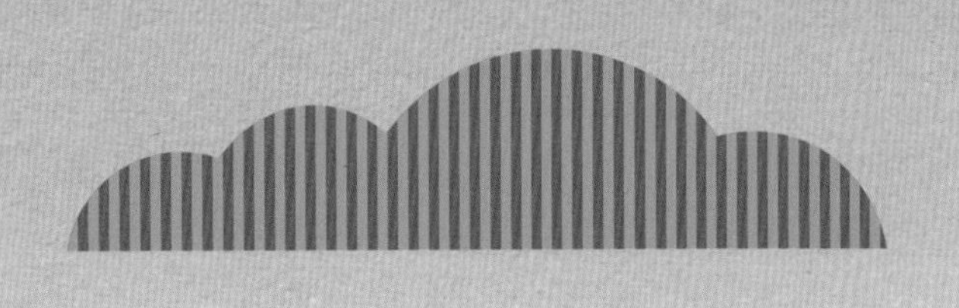

마찬가지로 백의 자리 숫자의 합이 10을 넘으면 1은 천의 자리로 받아 올림하고 남은 수가 백의 자리 수가 되겠죠? 5 + 6 = 11이니까 1을 천의 자리로 받아 올림하고 남은 수 1이 백의 자리 수가 돼요.

천의 자리는 3 + 2이지만 백의 자리에서 받아 올림한 1을 더해 줘야 하므로 3 + 2 + 1 = 6이 되어 천의 자리 수는 6이에요. 답은 6182가 된답니다.

$$\begin{array}{r} {}^{1}\ \ {}^{1}\ \ \ \ \ \\ 3\,5\,2\,4 \\ +\ 2\,6\,5\,8 \\ \hline 1\,8\,2 \end{array} \quad \Rightarrow \quad \begin{array}{r} {}^{1}\ \ \ \ \ \ \ \ \ \\ 3\,5\,2\,4 \\ +\ 2\,6\,5\,8 \\ \hline 6\,1\,8\,2 \end{array}$$

2 네 자리 수의 뺄셈은 어떻게 할까요?

세 자리 수의 뺄셈도 마찬가지로 뺄 수 없으면 차근차근 받아 내림을 하면 돼요. 4260 − 1685를 풀어 봅시다.

먼저 일의 자리는 0에서 5를 뺄 수 없으니 십의 자리에서 1을 받아 내림하면 일의 자리는 10 − 5 = 5가 돼요. 십의 자리는 1을 하나 빌려 줬으니 6에서 5가 되겠지요?

이제 십의 자리를 봅시다. 5에서 8을 뺄 수 없으니 이번엔 백의 자리에서 1을 받아 내림해야겠죠? 그럼 15 − 8 = 7이 되니까 십의 자리 수는 7이 됩니다.

$$\begin{array}{r} 5 \\ 42\not{6}0 \\ -\ 1685 \\ \hline 5 \end{array} \quad \Rightarrow \quad \begin{array}{r} 1\ 5 \\ 4\not{2}\not{6}0 \\ -\ 1685 \\ \hline 75 \end{array}$$

백의 자리 수는 십의 자리에게 1을 빌려 주고 1이 되었네요. 1에서 6을 뺄 수는 없으니 천의 자리에서 1을 받아 내림하면 11 − 6 = 5가 되니까 백의 자리는 5가 돼요.

마지막 천의 자리는 쉽네요. 백의 자리에게 1을 빌려 주고 남은 3에서 1을 빼면 돼요. 3 − 1 = 2니까 천의 자리는 2가 돼요. 그러면 답은 2575가 됩니다.

$$\begin{array}{r} 3\ 1\ 5 \\ \not{4}\not{2}\not{6}0 \\ -\ 1685 \\ \hline 575 \end{array} \quad \Rightarrow \quad \begin{array}{r} 3\ 1\ 5 \\ \not{4}\not{2}\not{6}0 \\ -\ 1685 \\ \hline 2575 \end{array}$$

3 더 연습해 볼까요? 이번엔 네 자리의 수를 더한 뒤 다시 빼 볼게요.

먼저 2485와 1749를 더해 봅시다.

① 일의 자리: 5 + 9 = 14이니까 1은 받아 올림하고 일의 자리 수는 4가 돼요.

② 십의 자리: 8 + 4 + 1 = 13이니까 1은 받아 올림하고 십의 자리 수는 3이 돼요.

③ 백의 자리: 4 + 7 + 1 = 12이니까 1은 받아 올림하고 백의 자리 수는 2가 돼요.

④ 천의 자리: 2 + 1 + 1 = 4이니까 천의 자리 수는 4가 돼요.

그래서 답은 4234예요. 그럼 이제 4234에서 2978을 빼 볼까요?

```
   1 1 1                3 1 2
   2 4 8 5              4 2 3 4
 + 1 7 4 9      ➡     − 2 9 7 8
 ---------            ---------
   4 2 3 4              1 2 5 6
   ④③②①               ❹❸❷❶
```

❶ 일의 자리는 백의 자리에서 받아 내림을 해서 14 − 8 = 6

❷ 십의 자리는 백의 자리에서 받아 내림을 해서 12 − 7 = 5

❸ 백의 자리는 천의 자리에서 받아 내림을 해서 11 − 9 = 2

❹ 천의 자리는 3 − 2 = 1

그래서 답은 1256이 돼요.

피타고레 박사는 기분이 언짢았다. 탐정 조수인 일원이가 배고프다고 보채는 바람에 울며 겨자 먹기로 마트에 오게 되었기 때문이다.

"헤헤, 박사님! 먹고 싶은 거 다 골라도 되는 거죠?"

"오천 원짜리 한 장 가져왔으니 오천 원이 넘지 않게 골라!"

일원이는 신 나게 카트를 끌고 가서 과자를 쓸어 담기 시작했다. 피타고레 박사는 불안했지만 만일 오천 원이 넘으면 과자 몇 개를 빼고 사 줄 생각이었다. 일원이는 카트를 끌고 피타고레 박사와 함께 계산대로 갔다.

"확실히 오천 원이 안 되게 고른 것 맞지?"

"네! 가격을 보면서 담았으니 오천 원은 안 될 거예요!"

그런데 계산대의 직원이 맨 마지막 과자의 바코드를 찍을 때 갑자기 삑삑거리면서 바코드가 동작하지 않았다. 직원은 할 수 없이 직접 과자의 가격을 계산대에 입력하고 이렇게 말했다.

"전부 6250원입니다."

"네? 일원이 너! 어떻게 된 거야!"

"어? 이상하다. 확실히 오천 원이 넘지 않게 산 것 같은데……."

그때 계산대의 직원이 과자와 계산기를 번갈아 보더니 말했다.

"으악! 죄송합니다. 제가 마지막 과자값을 잘못 입력했네요. 1370원짜리 과자인데 실수로 3170원이라고 입력했어요."

계산대의 직원은 쩔쩔매며 허둥지둥 과자를 처음부터 다시 계산기에 입력하기 시작했다. 그러자 시큰둥한 표정으로 피타고레 박사가 오천 원을 내밀며 말했다.

"여기 오천 원이요. 거스름돈 550원 주세요."

직원은 어안이 벙벙해져서 피타고레 박사를 멍하니 바라보고 있었다. 피타고레 박사는 어떻게 거스름돈을 정확히 알 수 있었을까?

풀이

마지막 과자값을 제외한 나머지 물건값 총액이 □원이라고 하면 계산대 직원이 잘못 계산한 식은 □ + 3170 = 6250이다. 이 식에서 □를 구하는 식을 써 보면, □ = 6250 − 3170 = 3080이다. 즉, 마지막 과자값을 제외한 나머지 물건값 총액은 3080원이다. 여기에 원래 과자값인 1370원을 더하면 물건값 총액이 된다. 3080 + 1370 = 4450이므로 물건값의 총액은 4450원이 된다. 피타고레 박사는 오천 원을 냈으므로 5000 − 4450 = 550이다.

거스름돈은 550원이다.

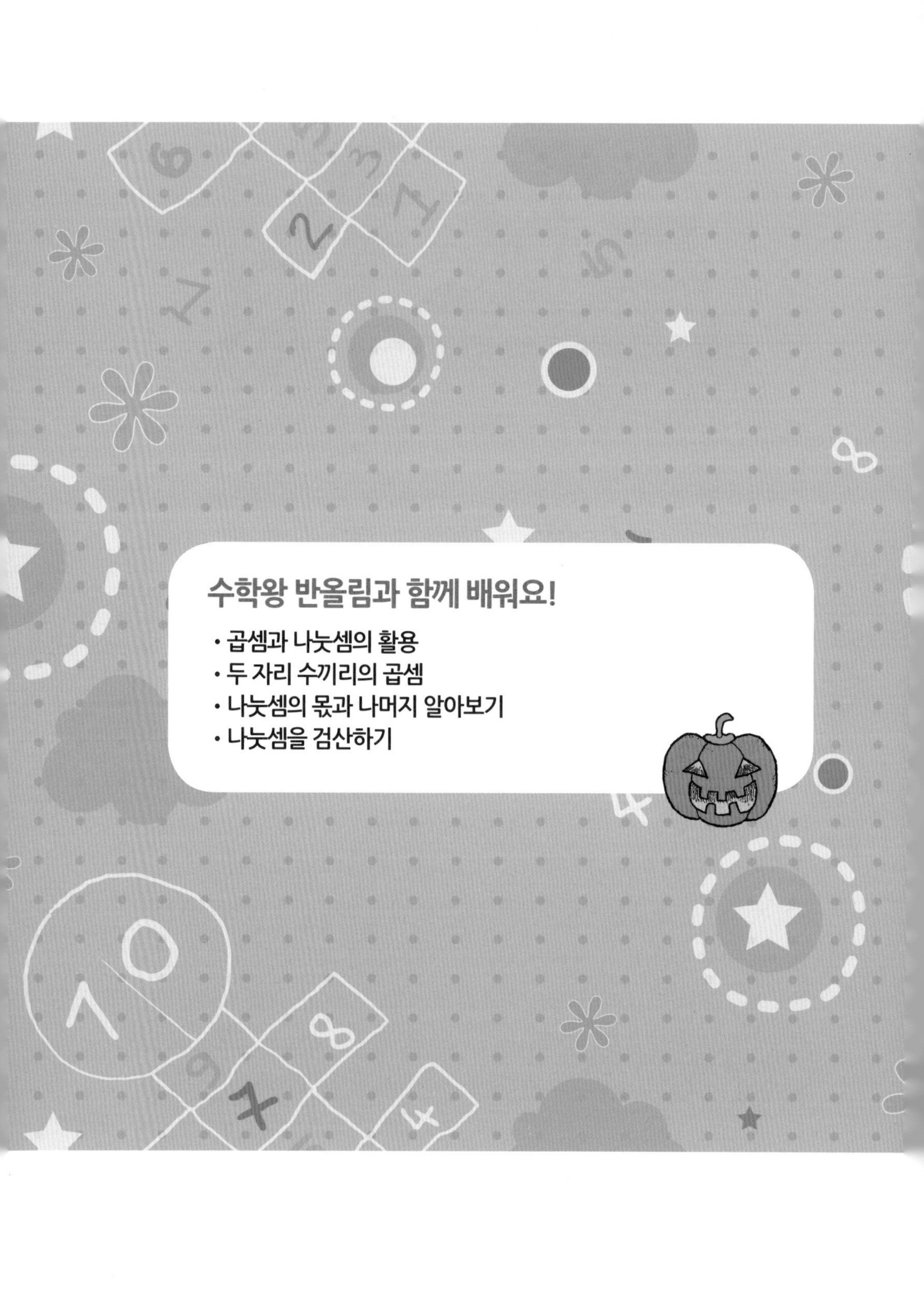

수학왕 반올림과 함께 배워요!
• 곱셈과 나눗셈의 활용
• 두 자리 수끼리의 곱셈
• 나눗셈의 몫과 나머지 알아보기
• 나눗셈을 검산하기

반올림,
마법 기사가
되다?

정완상 선생님의 **수학 교실**

3장 우린 몬스터가 아니라고요!

'카캉!'

그건 정말 순식간에 일어난 일이었다. 무시무시한 오크가 거대한 도끼를 내리치는 그 순간, 어디선가 나타난 붉은 망토에 검은 갑옷을 입은 기사가 친구들의 앞에서 도끼를 막아 냈다. 오크의 도끼를 밀어낸 기사는 어깨로 오크를 쿵 하고 세게 들이받아 넘어뜨리고는 뒤돌아 박사님과 친구들에게 말했다.

"이곳은 위험하다. 빨리 빠져나가라."

나와 야무진은 간신히 사람들을 뚫고 일행과 합류했다. 아름이나 일원이, 박사님과 알셈 모두 많이 놀라긴 했지만 다행히 다친 사람은 없었다. 그때 그 검은 갑옷의 기사가 내게 말했다.

"반올림, 성으로 가거라. 그곳에서 몬스터들이 맨 처음 나타난 곳의 정보를 알아내라."

나는 깜짝 놀랐다. 어떻게 내 이름을 알았을까? 그 기사는 검은 갑옷에 검은 투구를 쓰고 있어 얼굴을 알아볼 수 없었다.

"그, 그런데 누구……."

"크워어어!"

내 말이 끝나기도 전에 넘어졌던 오크가 다시 벌떡 일어나며 도끼를 움켜쥐었다. 검은 기사는 커다란 양손검을 휘둘러 그 도끼를 다시 막아 내며 내게 소리쳤다.

"어서 가!"

"가, 가자 얘들아! 어서!"

박사님이 우리를 챙겨 서둘러 마을 밖으로 도망치기 시작했다. 우리는 도망치는 사람들을 따라 정신없이 앞만 보고 뛰고, 또 뛰었다. 뒤돌아보니 어느새 검은 기사 주위로 수많은 오크들이 몰려오고 있었다. 대체 그는 누구일까? 강해 보이긴 하지만 저 수많은 오크들을 상대로 정말 괜찮을까?

어느덧 마을의 입구까지 왔을 때 우리는 뛰던 걸음을 급하게 멈출 수밖에 없었다. 우리 맞은편에 수많은 오크들이 마을을 향해 달려오고 있었기 때문이었다.

"이, 이제 어쩌지? 앞에도 뒤에도 온통 오크들밖에 없어!"

겁먹은 야무진의 말대로 이제 더 도망칠 데도 없었다. 뒤에는 오크들이 우글우글한 마을, 앞에는 달려오는 오크들. 이렇게 된 이상 우리도 싸울 수밖에 없었다.

"좋아, 우선 우리 아이템부터 꺼내자. 어떻게든 될 거야!"

나는 그렇게 말하며 갑옷 안에 꽁꽁 숨겨 놓은 해골 목걸이를 꺼냈고, 일원이도 감춰 둔 헤드셋을 꺼내 목에 걸었다. 아름이의 팔찌야 그럭저럭 자연스럽게 보일 수 있었지만 일원이와 내 아이템은 이 시대에서 꺼냈다간 이상하게 보일 것 같아 숨겨 두고 있었던 것이다. 하지만 오크들이 코앞까지 다가온 마당에 그런 건 아무래도 상관없지! 박사님도 가방처럼 위장한 알셈을 풀어 내려놓으셨다.

"이제 어떻게 하지? 우리, 아이템 작동법은 모르잖아……."

"위기의 상황이 되면 작동하는 것 같으니 내가 먼저 해볼게."

나는 멀리서 성큼성큼 다가오는 오크들을 향해 앞으로 나가 해골 목걸이를 손에 꼭 쥐고 주문을 외치려 했다. 그런데 무슨 주문을 외쳐야 하지? 에라, 모르겠다!

"해, 해골 목걸이여! 강력한 마법으로 오크를 무찔러라!"

"……."

적막이 흘렀다. 아쉽게도 내 목걸이에 레이저 빔 같은 기능은 없는 것 같았다. 그때 알셈이 피식 웃으며 말했다.

"이봐 꼴뚜기, 만화영화를 너무 많이 본 거 아냐?"

"그, 그럼 작동법을 모르는데 어쩌란 말야! 아름아, 일원아! 너희도 어서 아무 말이나 해 봐!"

"으, 응. 알았어."

아름이는 팔찌를 낀 팔을 꽉 붙잡으며, 일원이는 헤드셋을 귀에 착용하며 각각 외쳤다.

"성스러운 달의 여신이여, 저 아름이가 지금 당신의 힘을 필요로 합니다!"

"합! 체! 헤드셋! 파이어 로켓트 미사일 발사!"

음. 아름이와 일원이가 좋아하는 만화영화가 뭔지 알겠군. 아까보다 조금 더 긴 적막이 흘렀다. 그 고요한 적막을 깬 건 멀뚱멀뚱 우리를 바라보고 있던 오크였다.

"크워어어어!"

"으아악! 오크들이 더 화가 났어!"

정말로 오크들은 씩씩거리며 우리를 향해 달려오고 있었다. 아니 무슨 아이템이 이래! 쓰는 방법이라도 좀 알려 줘야 될 거 아냐! 일원이는 다시 진지한 얼굴로 외쳤다.

"다, 다시 해볼게. 헤드셋 3단 변신! 울트라 그레이트 파워……."

"그만 좀 해! 헤드셋이 무슨 변신을 하냐?"

그때였다. 갑자기 쿵 하더니 맨 앞에 달려오던 오크가 쓰러졌다. 쓰러진 오크의 등에는 화살이 박혀 있었다. 알셈이 줌 렌즈로 살펴보더니 외쳤다.

"앗! 기사다! 기사들이 왔어!"

정말이었다. 갑옷을 입은 어마어마한 수의 기사들이 마을로 달려오고 있었다! 몬스터들을 물리치기 위해 중세의 기사들이 나타난 것이다. 우리를 향해 달려오던 오크들은 뒤에서 나타난 용맹한 기사들의 칼 앞에 하나둘 쓰러졌다. 기사들은 오크들을 쓰러뜨리며 마을을 향해 빠른 속도로 달려왔고 금새 우리 근처까지 다다랐다. 나는 기쁜 마음에 그들에게 달려가 소리쳤다.

"빨리! 빨리 오세요! 이 마을입니다! 지금 마을 안에 몬스터들이……."

스릉. 나는 심장이 얼어붙을 뻔했다. 맨 앞에 있던 기사가 칼을 뽑아 순식간에 나의 목에 겨누었기 때문이다.

"누구냐, 네놈은?"

"왜, 왜, 왜 이러세요!"

깜짝 놀란 피타고레 박사님이 앞으로 나와 말했다.

"기사님, 뭔가 오해가 있으신 모양인데 저희는 그…… 해, 해리포터 가문에서 아가씨를 모시고 여행 중인 사람들입니다."

"마, 맞아요! 저희가 호위 기사들입니다!"

일원이도 앞으로 나서며 말했다. 하지만 기사는 내 목에 겨눈 칼을 거두지 않았다. 그리고는 내 목에 걸린 해골 목걸이를 칼로 가리키며 말했다.

"그럼 이 목걸이는 무엇이냐? 오크들이 하는 해골 목걸이와 똑같아 보이는데……."

아차! 해골 목걸이를 숨기는 걸 깜빡했다. 오크들은 진짜 사람이나 동물의 해골을 목걸이로 만들어 갖고 다니는 모양이었다. 내 건 그냥 플라스틱 장난감 같은 건데!

"아, 이, 이건 그게 아니라……."

"단장님! 여길 좀 보십시오! 이상한 몬스터가 있습니다!"

내가 뭐라 변명거리를 찾고 있을 때 뒤에 있던 다른 기사가 외쳤다. 그 기사는 다른 여러 기사와 함께 칼을 꺼내 알셈을 포위하고 있었다. 이런! 알셈을 감추는 것까지 깜빡했다.

"저 쇠로 된 몬스터는 또 무엇이냐? 그리고 너희는 아직 기사가 되기엔 어려 보이는데……."

기사 단장이라는 그 사람은 나와 일원이를 번갈아 보며 말했다.

"네 녀석도 목에 뭔가 이상한 목걸이를 하고 있구나. 저 하인 놈도 뭔가 번쩍거리는 유리를 갖고 있고…… 무엇보다 해리포터 가문이란 건 생전 들어 본 적도 없다."

낭패다. 일원이도 헤드셋을 숨길 시간이 없었다. 기사 단장이 말한 번쩍거리는 유리는 야무진의 주머니에 있던 스마트 폰이었다. 그리고 해리포터는……. 하아, 이제 정말 큰일났다.

"이 녀석들도 몬스터다! 사람으로 변장한 것이 틀림없다. 모두 체포해라!"

기사들은 무서운 얼굴로 우리 주위를 빙 둘러쌌다.

"잠깐만요, 저희는 수상한 사람들이 아니에요!"

"시끄럽다! 순순히 따라와!"

기사 한 명이 아름이에게 다가가는 순간, 갑자기 아름이의 팔찌가 번쩍이더니 투명한 방어막을 만들어 냈다. 그 바람에 아름이에게 다가간 기사는 튕겨져 나가 뒤로 넘어지고 말았다.

"아니? 이 소녀가 이상한 흑마법을 사용합니다!"

"네? 아, 아니 이건 그러니까……."

이런, 오해가 더 커지고 말았다. 무의식중에 아름이는 팔찌 아이템의 보호막 기능을 작동시킨 것 같았다. 방어막은 아름이의 몸 전체를 감싸고 다가가는 기사들을 튕겨 내고 있었다.

"역시 몬스터가 확실하구나! 모두 공격해라!"

"꺄악!"

우리는 모두 아름이 주위에 뭉쳐 있었지만, 아름이의 보호막은 아름이 혼자만 감싸고 있어 주위에 있는 우리까지 모두 보호해 주지는 못했다.

"저 소녀를 둘러싼 놈들부터 없애!"

"어, 어떻게 해. 올림아? 내 헤드셋이라도 사용해 볼까?"

"안 돼, 인간! 몬스터도 아니고 이 시대의 기사들을 공격하면 어쩌자는 거야!"

일원이의 말에 알셈이 크게 말했다. 알셈 말대로 일원이의 헤드셋이나 내 목걸이를 사용해서 이 사람들을 공격할 수는 없었다. 어찌해야 하지? 이러지도 저러지도 못하고 있는데 여러 명의 기사들이 칼까지 빼어 들고 우리 주위로 달려오고 있었다. 맨 앞의 기사가 칼을 번쩍 치켜든 그 순간, 거짓말처럼 또 시간이 멈췄다.

"미카엘!"

"몬스터를 처치하라고 보냈더니 여기서 뭘 하고 있는 게냐?"

"그…… 오해가 생겨서요. 여기서 빠져나갈 수 있게 도와주세요."

"좋다. 마침 너희 아이템들이 모두 레벨 업 직전이군. 이 퀘스트는 누가 클리어할 테냐? 클리어한 자의 아이템이 레벨 업된다."

친구들은 지금까지 그랬듯이 나를 바라봤다. 그런데 내 목걸이나 일원이의 헤드셋은 공격 능력이 있는 아이템이다. 지금 상황에서는 이 아이템들을 레벨 업시켜 기사들을 공격할 수는 없었다. 그렇다면…….

"아름아, 네 팔찌는 방어 능력이 있으니까 네 팔찌부터 레벨 업하는 게 좋겠어."

"내, 내가 수학 문제를 풀란 말이야?"

평소 유난히 수학 성적만 좋지 못했던 아름이는 자신 없는 얼굴이었지만 지금은 선택의 여지가 없었다.

"내가 도와줄 테니까, 침착하게 풀어 봐."

"그럼 문제를 내지. 현재 오크 군단은 한 부대에 91명으로 구성되어 있고, 총 79부대가 있다. 한편 기사 군단은 한 부대에 83명으로 구성되어 있고 총 87부대가 있지. 오크 군단과 기사 군단 중 어느

편의 수가 더 많은가?"

"그, 그게…… 우선 91을 79번 더하기를 해야 되니까…… 잠시만요."

"아니야 아름아! 이건 두 자리 수의 곱셈 문제야."

"두 자리 수의 곱셈?"

"응, 오크 군단은 91명으로 구성된 부대가 79부대 있으니까 91 × 79, 기사 군단은 83명으로 구성된 부대가 87부대 있으니까 83 × 87이야."

"좋아, 내가 풀어 볼게. 먼저 91에 9를 곱하면 1 × 9 = 9, 90 × 9 = 810이니까 91에 9를 곱한 수는 810 + 9를 해서 819가 되는구나."

"그렇지, 이제 십의 자리인 70을 곱하면 돼."

"1 × 70 = 70이고, 90 × 70은……."

"수가 크다고 어려워할 것 없어. 9×7이 뭐지?"

"그야 63이지. 나도 구구단 정도는 외우고 있다고!"

"그럼 90×70이니까 뒤에 0을 두 개 붙인다고 생각해 봐."

"아하, 6300이 되는구나! 그럼 91×70은 6370이야."

"좋아, 그럼 일의 자리를 곱셈한 819에 십의 자리를 곱셈한 6370을 더하면?"

"6370 + 819 = 7189! 오크 군단은 7189명이야."

아름이는 자신감을 얻은 것 같았다. 아름이를 응원해 주며 기사 군단 문제를 마저 풀도록 했다.

"좋아, 기사 군단은 83 × 87을 하면 돼. 먼저 3에 7을 곱하면 21, 또 80에 7을 곱하면 560이니까 560 + 21 = 581. 그리고 3에 80을

$$\begin{array}{r} \overset{②}{9}\,\overset{①}{1} \\ \times\ 7\,9 \\ \hline 8\,1\,9 \end{array} \qquad \begin{array}{r} \overset{❷}{9}\,\overset{❶}{1} \\ \times\ 7\,9 \\ \hline 6\,3\,7\,0 \end{array}$$

① 1 × 9 = 9
② 90 × 9 = 810
① + ② = 819

❶ 1 × 70 = 70
❷ 90 × 70 = 6300
❶ + ❷ = 6370

$$\begin{array}{r} ②\ ①\\ 8\ 3 \\ \times\ 8\ 7 \\ \hline 5\ 8\ 1 \end{array} \qquad \begin{array}{r} ❷\ ❶\\ 8\ 3 \\ \times\ 8\ 7 \\ \hline 6\ 6\ 4\ 0 \end{array}$$

① 3 × 7 = 21
② 80 × 7 = 560
① + ② = 581

❶ 3 × 80 = 240
❷ 80 × 80 = 6400
❶ + ❷ = 6640

곱하면 240, 80에 80을 곱하면 8 × 8 = 64니까 6400! 6400 + 240 = 6640. 이제 일의 자리를 곱셈한 581과 십의 자리를 곱셈한 6640을 더하면 6640 + 581 = 7221! 기사 군단은 7221명이야."

"좋아, 이제 어느 쪽 수가 많은지 비교해 봐."

"7221과 7189니까 7221 − 7189 = 32! 기사 군단 쪽이 32명 더 많아요!"

"퀘스트 완료. 아름이의 팔찌가 2레벨로 상승했다."

그리고 멈추었던 시간이 다시 흐르기 시작했고 동시에 아름이 팔찌의 보호막이 윙윙 소리를 내며 점점 커지더니 우리 모두를 충분히 감싸고도 남을 만큼 커졌다. 미카엘의 말대로 레벨 업이 된 아름이의 팔찌가 더 강력해진 것이다.

우리를 향해 칼을 휘두르던 주위의 모든 기사들의 칼이 튕겨져 나갔고, 기사들은 나가떨어졌다.

"으어엇! 이럴 수가! 대체 이게 무엇이란 말인가?"

기사들은 보호막에 칼을 휘두르고 발로 차기도 했지만, 보호막에 닿는 것은 무엇이든 고무공처럼 튕겨져 나가기만 할 뿐 안까지 침범하지 못했다. 아름이가 신나서 외쳤다.

"와, 올림아! 내 팔찌가 정말 강해졌어!"

"그보다 이제 어떻게 하지? 안전하게 된 건 좋은데…… 이래서야 우리를 마법을 쓰는 몬스터라고 확신할 것 같아."

야무진의 말을 듣고 보니 앞으로가 문제였다. 아까 흑마법이니 어쩌니 하던데, 더 큰 오해를 할 것 같기도 했다. 그때였다.

"공격을 멈춰라!"

근엄하고 굵은 목소리가 들렸다. 우리를 공격하던 기사들은 그 말이 떨어지자 순식간에 우루루 뒤로 물러섰다. 기사들 사이로 등장한 그 목소리 굵은 아저씨는 흰 수염을 멋지게 기르고 있었는데, 한눈에 봐도 꽤 높은 신분의 사람 같았다.

"이럴 수가, 전설로만 존재하는 줄 알았는데 이렇게 실제로 내 눈으로 보게 되다니! 마법 기사 분들이구나!"

마법 기사? 하긴 우리의 모양새나 아이템들의 능력을 볼 때 이 시대의 사람들이 그렇게 생각하는 것도 무리는 아니었다. 그런데 이 아저씨는 누굴까?

"마법 기사들이여, 무례를 용서하십시오. 저는 프랑크 왕국의 국왕 카롤루스 대제라고 합니다."

"헉! 아름아, 카롤루스 대제라면?"

피타고레 박사님이 깜짝 놀라며 아름이에게 속삭였고, 아름이가 작게 대답했다.

"맞아요, 삼촌. 카롤루스 대제는 771년 프랑크 왕국을 통일하고 지배해서 르네상스 문화를 발전시킨 초기 유럽의 대표적인 국왕이에요."

과연 아름이는 모르는 게 없군. 어쨌든 카롤루스 대제는 우리를 완전히 전설 속에 등장하는 마법 기사로 믿고 있는 것 같았다.

그때 알셈과 야무진이 소곤소곤 말했다.

"이봐, 꼴뚜기. 일단은 맞다고 하는 게 좋겠어."

"내 생각도 그래. 어차피 사실대로 말해도 우리들 말을 믿을 것 같지도 않고 말이야."

"그래. 올림아. 마침 너랑 나는 갑옷도 입고 있으

니까 더 그럴듯하지 않을까?”

일원이의 말까지 듣고 나도 마법 기사 행세를 하기로 동의했다. 무엇보다 우리는 빨리 이 상황을 벗어나서 기사들과 함께 마을에 침입한 오크 군단을 물리쳐야 했다.

“마, 맞습니다! 우리가 바로 전설로만 전해 내려오는 그 마법 기사들이오! 어험!”

“오오, 정말이시군요!”

나의 어설픈 거짓말은 다행히 잘 통한 것 같았다. 카롤루스 대제는 눈을 반짝이며 우리를 존경스러운 눈빛으로 바라보고 있었다. 여기에 일원이가 한마디를 더했다.

"정체를 숨기고 몬스터들을 무찌르기 위해 왔소만, 기왕 들켰으니 사실대로 말하는 것이오."

일원이의 거만한 말투에도 카롤루스 대제는 화색이 돌며 크게 기뻐했고, 우리를 공격한 기사들에게 사과를 하도록 시켰다. 기사들은 굽신거리며 우리에게 허리를 숙여 사과했다. 후후, 이건 나쁘지 않은데? 그러다 문득 정신이 번쩍 들었다.

"아니, 잠깐! 이러고 있을 때가 아닙니다! 마을에 몬스터들이 들이닥쳤어요. 모두 마을로 가서 몬스터들을 무찌르고 마을 사람들을 지켜 냅시다!"

"그렇군요, 알겠습니다! 뭣들 하느냐! 마법 기사님들이 우리를 지켜 주실 것이다! 모두 마을로 진격하라! 몬스터들을 무찔러라!"

"와아아아아!"

모든 기사들이 함성을 지르며 마을에 들이닥친 몬스터들을 향해 달려들었다. 얼떨결에 전설의 마법 기사가 된 우리는 그렇게 기사들과 함께 몬스터들이 우글거리는 마을로 향했다.

4장
와서 연회를 즐기다

"우와, 이 닭다리 진짜 맛있다!"

"여기 소고기도 끝내줘!"

이곳은 프랑크 왕국의 성 안에 있는 거대한 응접실이다. 우리는 기사단과 함께 마을의 몬스터들을 모두 물리쳤고, 카롤루스 대제는 우리를 귀한 손님 모시듯 성으로 데려와 성대한 식사를 베풀어 주었다. 나와 아름이는 일찍이 다 먹고 차를 마시고 있었지만 나머지 세 사람은 거의 한 시간째 밥을 먹고 있었다. 정말 대단한 식욕에 감탄하며 세 사람을 보고 있을 때 아름이가 말했다.

"그런데 올림아, 네가 말했던 그 흑기사는 어떻게 됐어?"

"아, 그게 말인데."

내 말에 우리 옆에 서 있던 알셈의 카메라 눈동자가 반짝였고, 밥을 먹던 세 사람도 모두 동작을 멈추고 귀를 쫑긋 세웠다.

"카롤루스 대제 말이, 그런 기사는 마을 어디에도 없었다는 거야. 더욱이 그런 검은 갑옷에 붉은 망토를 두른 흑기사는 이 프랑크 왕국에서 한 번도 본 적이 없었대."

"말도 안 돼, 우리가 직접 두 눈으로 똑똑히 봤잖아?"

"나도 그래. 어쩌면 오크들에게 붙잡혀 갔을 수도 있고, 아니면 오크의 수가 너무 많아서 어느 정도 싸우다가 도망친 걸 수도 있지. 차라리 도망쳤다면 다행인데…….”

“아, 위험에서 날 구해 주시고 홀연히 떠나버린 기사님이라니, 너무 로맨틱해.”

얜 또 왜 이런담. 그보다 일단 성에 들어오긴 했지만 앞으로 어떻게 하지? 마을에 있는 몬스터들은 모두 물리쳤지만, 언제 어디서 또 몬스터가 나타날지 몰랐다. 흑기사의 말대로 얼떨결에 성에 오긴 했지만 성의 기사들이나 카롤루스 대제도 몬스터가 맨 처음 나타난 곳이 어딘지는 모른다고 했다. 술술 잘 풀린다 했더니 이렇게 또 막힌 것이다.

“일단은 우리를 마법 기사로 생각하고 있으니까, 한동안 성에 머무르면서 정보를 알아내 보자고. 여긴 그 고물 유령선보다도 훨씬 스마트한 곳인 것 같아. 나하고도 잘 어울리고 말이지.”

손수건으로 입에 묻은 양념을 슥슥 닦으며 말하는 야무진은 귀한 손님 대접이 꽤 맘에 든 모양이지만 사실 우린 마법 기사도 뭣도 아니니 언제까지고 여기서 이렇게 있을 수는 없었다. 무엇보다 난 그 흑기사의 정체가 너무도 궁금했다. 그 이야기를 하자 피타고레 박사님이 말씀하셨다.

"혹시, 유령선 안에 있던 몬스터들 중 하나가 아닐까 싶구나."

"몬스터들이요?"

"그래. 미카엘이 위기의 상황에서 우리를 지키라고 강한 몬스터 하나를 뽑아 우리 곁을 지키도록 한 게 아닐까?"

오호라! 박사님의 말을 듣고 보니 그럴싸하다는 느낌이 들었다. 하지만 유령선 안에는 스켈레톤, 미라, 트롤 같은 몬스터는 많았지만 그런 갑옷을 입은 기사 몬스터는 본 적이 없었는데……. 그렇게 흑기사의 정체에 대해 두런두런 이야기를 나누고 있을 때 카롤루스 대제가 응접실로 들어왔다. 여전히 환한 얼굴로 수염을 쓰다듬으며 말했다.

"허허허, 마법 기사님들. 누추한 식사가 마음에 드셨는지 모르겠습니다."

"완전 킹왕짱 맛있었어요! TV에서만 보던 요리…… 읍!"

서둘러 일원이의 입을 막았다. 21세기의 단어와 말투를 쓰지 말라고 그렇게 얘기했건만!

"물론입니다. 그보다 이 몬스터들이 처음 나타난 곳은 혹시 알아내셨는지요?"

"음. 왕국 곳곳으로 정찰병을 보냈습니다. 그들이 곧 이 사악한 몬스터들이 나타난 근원지를 밝혀낼 것입니다. 그때까지는 모쪼록 편안하게 쉬시지요."

"예에……."

국왕이 정찰병까지 보내 수색을 한다면, 당장은 우리가 할 수 있는 게 없었다. 빨리 정찰병이 몬스터가 나타난 곳을 알아내길 바라는 수밖에……. 그런데 카롤루스 대제는 뜻밖의 말을 건넸다.

"그보다 여기 계신 마법 기사님들을 우리 프랑크 왕국의 수호 기사로 임명하자고 하는 대신들의 청이 있었습니다. 저 역시 마법 기사님들이 왕국의 수호 기사가 되어 주신다면 마음이 든든할 것이니 부디 거절하지 말아 주십시오."

"옛?"

우리는 당혹스러운 표정을 지었다. 왕을 포함해 프랑크 왕국의 백성들 모두는 우리를 마법 기사라고 믿는 것 같았다. 아름이가 옆구리를 꾹 찌르며 귓속말을 했다.

"왕국의 수호 기사라면, 왕국을 지키는 꽤 높은 자리의 기사 아냐?"

"이 야무진 님의 고귀함을 이 시대의 사람들이 알아주는군."

"난 찬성이야. 수호 기사가 되면 맛있는 것도 더 많이 먹을 수 있을 것 같아.”

“기왕 마법 기사라고 거짓말까지 해 버렸으니, 일단 국왕의 말대로 하는 게 좋을 것 같구나.”

“내 생각도 그래, 꼴뚜기. 이곳에서 지내다가 몬스터가 나타나면 수호 기사인 우리들에게 바로 알려 주지 않겠어?”

으음. 듣고 보니 우리가 그런 높은 신분의 기사가 된다면 가장 먼저 몬스터들의 소식을 듣게 될 것이다. 우리는 회의 끝에 마지못해 수락하는 척 찬성을 했고, 카롤루스 대제는 환하게 웃으며 우리를 성의 연회장으로 데리고 갔다.

연회장에는 수많은 사람들이 모여 있었고, 우리가 수호 기사가 된 것을 축하하기 위해 축배를 들고 있었다.

“이 프랑크 왕국의 새로운 수호 기사님들을 위하여 건배!”

우리는 마치 전쟁에서 승리하고 돌아온 기사들처럼 군중을 향해 손을 흔들었다. 아름이는 미스코리아 포즈로 인사까지 하며 신나

했고, 야무진은 손에 입을 맞추어 군중을 향해 날리기까지 했다. 최소한 이 두 사람은 제대로 적응하고 있는 것 같았다.

"그럼, 저는 자리를 비켜 드리지요. 마음껏 마시고 즐기십시오."

"아, 예. 가, 감사합니다."

국왕이 자리를 뜨고 나서도 연회장의 열기는 사그라들지 않았다.

"우와! 이 와인은 최소한 700~800년산이야!"

박사님은 연회장에 쌓여 있는 와인들을 홀짝홀짝 맛보고 계셨다. 아름이의 말에 의하면 박사님은 와인 수집이 취미라고 한다. 어휴, 정말…… 우리는 놀러온 게 아닌데!

"후후, 나는 마법 기사들 중에서도 가장 강력한 기사지. 잘 봐라, 레이저 빔!"

알셈이었다. 걘 또 왜 저런담. 알셈은 눈에서 카메라 플래시를 마구 터트리며 레이저 빔이랍시고 번쩍거리고 있었다. 그 모습이 신기해서 가까이 다가온 여자 귀족들이 쓰다듬으니 더 신이 났는지 바퀴를 빙글빙글 돌리며 묘기를 선보였다. 그 모습이 샘났는지 야무진도 귀족들 틈으로 들어가 스마트 폰을 꺼내 마구 플래시를 터트렸다. 아 정말 한심해. 나와 아름이, 일원이는 바보 기사 두명을 두고 다른 곳을 둘러보았다.

"우와, 올림아! 저것 좀 봐. 혹시 우리나라 민속놀이인 강강술래 아닐까?"

아름이가 가리킨 곳에서는 사람들이 둥글게 모여 빙글빙글 돌고 있었다. 그때 사회자가 말했다.

"여섯 명!"

그러자 빙글빙글 돌던 사람들이 왁자지껄 떠들며 뭉치기 시작했고, 여섯 명씩 네 개의 그룹이 생겼다.

"어? 음. 여섯 명씩 잘 모이셨네요. 이번에도 탈락자는 없습니다."

사회자는 당황한 듯 머리를 긁적거렸다. 저 사회자, 어디서 많이 본 모습인데?

"어? 올림아. 저 사람 그때 마을에서 본 그 사회자 아니야?"

"헤에, 정말이네. 이 시대의 유재석 아저씨쯤 되는 MC인가 봐."

우리 셋은 사회자 아저씨의 진행을 구경했다. 대강 보아하니 이 놀이는 여러 사람이 춤을 추며 빙글빙글 돌다가 사회자가 갑자기 지정한 사람 수에 맞게 뭉치고, 뭉치지 못한 나머지 사람이 떨어지는 놀이인 것 같았다.

"자, 다시 하겠습니다! 모두 춤추세요. 빙글빙글!"

사람들은 다시 빙글빙글 돌기 시작했다. 그런데 얼굴이 굳은 채 투덜대는 게 아닌가? 무슨 일이지?

"네 명!"

다시 왁자지껄하며 사람들이 네 명을 만들며 뭉치기 시작했다. 흥미진진하게 지켜보던 우리는 왜 사람들이 투덜댔는지 금방 알아챘다. 이 놀이는 계속해서 탈락자가 나오지 않았다. 아까 여섯 명을 말할 때 네 개의 그룹이 생겼으니 사람들은 $6 \times 4 = 24$니까 스물네 명이었다. 그리고 이번엔 네 명을 말해서 $4 \times 6 = 24$니까 여섯 개의 그룹이 생긴 것이다. 아무도 탈락하지 않는 놀이를 계속해서 하니 당연히 재미가 없을 수밖에.

"하하, 저 아저씨 곱셈을 잘 못하는 모양이야."

일원이가 웃으면서 아저씨를 가리키고 놀리듯이 말했다.

"아냐 일원아. 이건 나눗셈을 해야 하는 놀이라고."

"나눗셈?"

"잘 봐. 지금 놀이를 하는 사람들은 전부 스물네 명이잖아. 24를 6으로 나누면 얼마야?"

"$24 \div 6 = 4$니까 4……. 아하! 그래서 네 그룹으로 뭉친 거구나."

일원이가 알았다는 듯 손바닥을 탁 쳤다.

"그렇지! 24를 6으로 나누면 몫이 4이고 나머지는 0이 돼."

그 말을 듣던 아름이가 말했지.

"그럼 이번엔 네 명을 말했으니까 24 ÷ 4 = 6이라서 몫이 6이고 나머지는 0이네?"

"그래, 맞아. 24를 어떤 수로 나누면 되는 놀이인데, 나누고 난 뒤 나머지가 생기지 않아서 계속 탈락자가 안 생기는 거야. 그러니까 재미가 없지. 나머지가 생기도록 나누는 수를 선택해야 해."

의도치 않게 우리는 수학 이야기를 하며 그 사회자를 지켜보고 있었다. 사회자 아저씨는 땀을 뻘뻘 흘리며 당황하는 모습이었고, 놀이를 하던 사람들은 씩씩대며 항의하기 시작했다.

"사회자 양반! 탈락자도 안 나오는데 언제까지 춤만 추며 돌아야 됩니까!"

"맞소! 아까는 열두 명, 이전에는 여덟 명이라고 했잖소!"

이런. 열두 명이라면 24 ÷ 12 = 2니까 몫은 2이고 나머지는 0, 여덟 명이라면 24 ÷ 8 = 3이니까 몫은 3이고 역시 나머지는 0이었다. 어쩜 이렇게 나머지가 안 생기는 숫자만 말할 수 있담. 사회자 아저씨는 헛기침을 하더니 애써 수습하고는 다시 놀이를 진행했다.

"그, 그게 이번에는 진짜 재미있을 겁니다! 자, 다시 빙글빙글!"

사람들은 투덜대면서도 이번엔 진짜겠지 싶어 다시 춤을 추기 시작했다. 제발 이번엔 잘하셨으면 좋겠는데……. 제발 나머지가 생기는 숫자를 말하라고요! 짧은 춤 시간이 끝나자 사회자 아저씨가 큰 목소리로 외쳤다.

"세 명!"

오 마이 갓. 아저씨 안 돼요. 24 ÷ 3 = 8로 몫은 3이고 나머지는 역시 0이었다. 사람들은 왁자지껄 떠들며 우루루 세 명씩 짝지어 뭉치기 시작했고, 당연히 탈락자는 생기지 않았다. 사람들의 짜증은 폭발했고, 사회자 아저씨에게 소리를 질러댔다.

아무래도 그냥 지나치기는 힘들었다. 우리는 사회자 아저씨에게 다가갔다. 사회자 아저씨는 잔뜩 풀이 죽어 시무룩한 얼굴이었는데 우리를 보더니 화색을 띠고 반가워했다.

"아니 너희들! 아, 아니 마법 기사님들! 도와주세요. 왜 탈락자가 생기지 않는 거죠?"

"어휴, 나머지가 생기지 않는 수를 말씀하시니 그렇잖아요. 그룹을 만들지 못한 사람이 탈락하는 놀이 맞죠?"

"예, 그렇습죠. 끝까지 살아남은 다섯 명에게 상품을 주는 연회의 하이라이트입니다만……. 그럼 어떻게 해야 탈락자가 생길까요?"

"우선 저희가 진행해 보도록 할게요."

아름이와 일원이가 잔뜩 화가 난 사람들을 진정시켰고, 나는 마법 기사라고 소개하며 이 놀이를 더욱 재미있게 진행해 주겠다고 말했다. 사람들은 마법 기사인 우리를 봐서 겨우 분을 삭이고 다시 놀이를 시작했다.

"다섯 명!"

내 외침이 들리는 동시에 사람들이 이리저리 다섯 명씩 뭉치기 시작했고, 제한 시간 안에 그룹을 만들지 못한 네 명이 탈락했다. 그제야 사람들은 기뻐하기 시작했다. 물론 탈락한 사람들은 굉장히 아쉬워했지만. 사회자 아저씨가 눈을 반짝이며 신기하다는 듯이 물었다.

"정말 신기합니다. 어떻게 하신 겁니까?"

"24 안에는 5가 네 개밖에 들어갈 수 없으니 24를 5로 나누면 몫은 4가 되고 나머지는 4가 되니까 네 명이 탈락한 거예요."

사회자 아저씨는 감탄을 금치 못했다. 어쨌든 우리는 계속해서 놀이를 진행했다. 20명이 남은 가운데, 이번에는 아름이가 말했다.

"일곱 명!"

사람들은 왁자지껄 일곱 명씩 모였다. 이번에는 두 개의 그룹이 생겼고, 여섯 명이 탈락했다. 20을 7으로 나누면 몫은 2가 되고 나머지는 6이 되기 때문이었다. 이렇게 해서 순식간에 열네 명밖에 남지 않았다. 이번에는 일원이가 외쳤다.

"여덟 명!"

6명이 탈락했고 이제 남은 사람은 8명이다. 마지막은 사회자 아저씨에게 진행하도록 했다.

"다섯 명에게 상품을 줘야 하죠? 지금 사람이 8명밖에 없으니 다섯 명이라고 외치시면 돼요."

사회자 아저씨는 씩 웃으며 고개를 끄덕였고, 다섯 명을 외쳤다. 세 명이 탈락하여 나머지 다섯 명이 우승자가 되었다. 우승한 다섯 명은 얼싸안고 기뻐했다. 그 모습을 바라보는 우리도 흐뭇했다. 사회자 아저씨는 우리에게 꾸벅 인사하며 환하게 웃었다.

"이제 알겠습니다. 8을 5로 나눈 몫은 1이고, 나머지는 3이 되는 거군요?"

"맞아요. 그리고 나누는 수와 몫을 곱하고 나머지를 더한 수가 나누어지는 수와 같아야 해요. 5 × 1 = 5니까 거기에 나머지 3을 더하면 5 + 3 = 8이 되지요? 이걸 검산이라고 해요. 다음에 이런 놀이를 진행하실 때에는 검산까지 꼭 하시고 수가 맞는지 확인하세요."

우리는 연신 고마움을 표하는 사회자 아저씨를 뒤로하고 자리를 떴다. 알셈과 야무진은 아직까지 서로에게 카메라 플래시를 터트리며 바보 인증을 하고 있었고, 피타고레 박사님은 와인을 너무 드셨는지 해롱대고 계셨다.

"삼촌! 정신 좀 차리세요! 어휴, 술 냄새."

아름이와 일원이가 해롱거리는 박사님을 부축했고, 나는 연예인병이 의심되는 알셈과 야무진을 연회장에서 끌어냈다.

“너희들, 수호 기사가 됐다고 너무 들뜬 거 아니야? 어쨌든 우리는 이곳에 몬스터를 물리치기 위해 온 거라고!”

“뭐, 귀족들과 잠깐 이야기를 나눈 것뿐인데…….”

“그럼. 역시 귀족들은 같은 귀족인 이 야무진 님을 제대로 알아보더군. 내 인기를 질투하는구나, 반올림? 하하하하.”

어휴, 이 바보들이 정말? 어서 몬스터를 무찌르고 임무를 완수한 다음 원래 세계로 돌아갈 생각을 하는 나와는 달리 이 녀석들은 완전히 이 시대에 적응해서 살아갈 생각인 것 같았다. 한마디 하려던 그때 누군가 쾅하고 연회장을 문을 세게 열었다. 우리와 그곳에 있던 모든 귀족들은 깜짝 놀라 문을 바라보았다. 문을 연 것은 가쁜 숨을 몰아쉬는 한 기사였다.

“크, 큰일 났습니다! 지, 지금 몬스터의 대군이 성을 공격해 오고 있습니다!”

“뭐라!”

연회장의 2층에서 카롤루스 대제가 크게 소리쳤다. 드디어 올 것이 왔다.

“기사들을 제외한 모든 귀족들은 성 안 깊은 곳으로 피신하시오! 나머지 기사들과 남자들은 나와 수호 기사님들과 함께 성을 지켜

낸다!"

그 말에 술 취한 박사님은 물론 야무진과 알셈도 눈이 번쩍 뜨였다. 진짜 수호 기사로서의 첫 임무가 떨어졌다. 우리가 몬스터를 찾아 내기 전에 몬스터들이 성으로 찾아왔으니 우리는 이제 이 성을 지켜 내야 한다. 나는 다급하게 소식을 들고 온 그 기사에게 다가가 말했다.

"몬스터의 수가 얼마나 됩니까? 이 성에서 볼 수 있나요?"

"예, 잘은 모르겠지만 천 마리는 되어 보였습니다. 성벽으로 올라가시면 잘 보이실 겁니다."

나는 그 말에 곧바로 성벽으로 뛰어올라 갔고 친구들도 모두 따라오기 시작했다. 이제 더는 도망치지 않을 것이다. 덤벼라 몬스터 군단!

여러분, 본문 속에 녹아 있는 두 자리 수의 곱셈과 나눗셈에 대해서 더욱 자세히 알아볼까요?

1 두 자리 수의 곱셈은 어떻게 할까요?

45 × 37을 풀어 봅시다. 두 자리 수의 곱셈은 먼저 일의 자리 수를 먼저 곱하고, 그 다음 십의 자리를 수를 곱한 뒤 그 수를 더해서 계산하면 어렵지 않아요.

먼저 45 × 7을 풀어 볼까요? 일의 자리인 5에 7을 곱하면 5 × 7 = 35가 되고, 십의 자리인 40에 7을 곱하면 40 × 7 = 280이 돼요. 그 두 수를 더하면 280 + 35 = 315니까 45 × 7 = 315가 돼요.

```
  ② ①                  ❷ ❶
  4 5                  4 5
× 3 7        ➡       × 3 7
─────                ───────
3 1 5                1 3 5 0
```

① 5 × 7 = 35
② 40 × 7 = 280
① + ② 35 + 280 = 315

❶ 30 × 5 = 150
❷ 30 × 40 = 1200
❶ + ❷ 150 + 1200 = 1350

이제 십의 자리를 곱해 봅시다. 십의 자리 수 30에 5를 곱하면 $30 \times 5 = 150$이 되고, 같은 십의 자리인 40을 곱하면 $30 \times 40 = 1200$이 돼요. 그럼 1200에 150을 더하면? $1200 + 150 = 1350$!

십의 자리의 곱셈까지 끝났어요. 이제 315와 1350을 더하면 돼요. 이 과정을 한눈으로 볼 수 있게 정리하면 다음과 같아요. 더하면 얼마가 되죠?

$$\begin{array}{r} 45 \\ \times\ \ 37 \\ \hline 315 \\ 135 \\ \hline 1665 \end{array}$$

2 나눗셈과 나머지 수에 대해 알아봅시다.

나눗셈은 곱셈을 거꾸로 하는 것과 마찬가지예요. 쉽게 $30 \div 6$을 해 봅시다. 6 단을 외워 보세요. $6 \times 5 = 30$이지요? 그러니까 $30 \div 6$에서 몫은 5가 되고 남는 수는 없으니 나머지는 0이에요. 그럼 $32 \div 6$은 얼마일까요?

먼저 32 안에 6이 얼마나 들어갈 수 있을까요? $6 \times 5 = 30$이니까 6은 32 안에

```
     5
6 ) 3 2
    3 0
  -----
      2
```

다섯 번 들어갈 수 있죠. 하지만 $6 \times 6 = 36$이 되니까 여섯 번 들어갈 수는 없어요. 그럼 32에서 6에 5를 곱한 수인 30을 빼면 2가 남게 돼요. 그래서 $32 \div 6$에서 몫은 5가 되고 나머지는 2가 되는 거랍니다.

```
    3 6
2 ) 7 2
    6
  -----
    1 2
    1 2
  -----
      0
```

이번에는 $72 \div 2$를 풀어 봅시다. 7에는 2가 세 번 들어갈 수 있어요. $2 \times 4 = 8$이니까 네 번은 못 들어가요. 7에서 6을 빼고 나머지인 1을 써 주세요. 그리고 $12 \div 2$를 하면 돼요. 그래서 $72 \div 2$에서 몫은 36이고 나머지는 0이 됩니다.

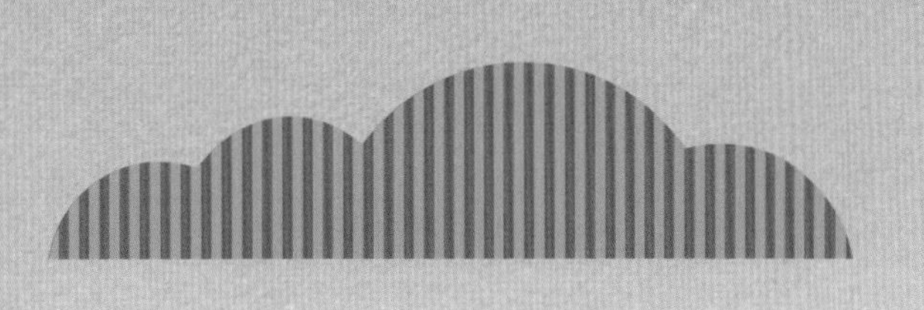

3 나눗셈을 검산해 봅시다.

$$\begin{array}{r} 6 \\ 7\overline{)45} \\ 42 \\ \hline 3 \end{array}$$

자. 그럼 나눗셈을 검산해 볼까요?

이 식은 $45 \div 7$을 나타내고 있군요. 몫은 6이고, 나머지는 3입니다. 나눗셈을 검산할 때는 먼저 나누는 수와 몫을 곱해요. 그리고 그 수에 나머지를 더하면 된답니다.

나누는 수 7과 몫 6을 곱하면 얼마죠? $7 \times 6 = 42$! 그럼 42에 나머지 수인 3을 더하면 얼마가 될까요? $42 + 3 = 45$가 돼요. 45는 나눠지는 수니까 이 검산을 통해 정답이라는 것을 확인할 수 있어요.

"서두르자 일원아, 이러다 버스 놓치겠어!"

피타고레 박사는 오랜만에 기분이 좋아서 들떠 있었다. 예전에 일원이의 학교에서 잠깐 수학을 가르쳐 주었던 적이 있었는데, 일원이의 담임 선생님이 피타고레 박사를 이번 수학여행에 초대했기 때문이다.

"박사님, 놀러 가는 것보다 사실은 저희 예쁜 담임 선생님 때문에 기분이 좋으신 것 아니에요?"

"무, 무슨 소리냐! 나, 난 여행 갈 생각에 기분이 좋은 것뿐이야!"

박사는 버럭 소리를 질렀지만 얼굴이 새빨개졌다. 후다닥 짐을 꾸린 피타고레 박사는 일원이와 함께 학교 운동장으로 갔다. 예쁜 담임 선생님을 발견한 피타고레 박사는 험험 헛기침을 몇 번 하더니 이내 멋있는 척 폼을 잡고는 말했다.

"선생님, 안녕하십니까. 이번 여행에 저를 초대해 주셔서 영광입니다."

"박사님, 어서 오세요. 그런데 이를 어쩌죠? 일원이랑 박사님이 타고 가실 차가 없을 것 같아요."

"예엣? 그, 그게 무슨 말씀이신지……."

"정말 죄송해요. 이번 수학여행에 모두 51명이 가기로 했거든요. 교장

선생님께서 승합차를 일곱 대 빌렸다고 하던데, 왜인지는 모르겠지만 딱 두 명 분의 자리가 없는 것 같아요. 이를 어쩌죠?"

"야호! 선생님! 그럼 저는 오늘 못 가는 거죠? 오락실 가야지. 히히!"

일원이는 신이 나서 후다닥 오락실로 달려갔지만 망연자실한 피타고레 박사는 그 자리에 멍하니 서 있었다. 박사는 훌쩍거리며 말했다.

"흑, 선생님 그 승합차는 운전자를 제외하고 일곱 명이 탈 수 있기 때문입니다. 여덟 대를 빌리셨어야 했어요."

박사는 풀이 죽어 다시 탐정 사무소로 돌아갔고, 나중에 승합차를 확인해 본 담임 선생님은 깜짝 놀랐다. 박사의 말대로 그 승합차는 운전자를 제외하고 일곱 명이 탈 수 있었다. 피타고레 박사는 승합차를 본 적도 없는데 어떻게 알았을까?

풀·l

수학여행에 가기로 한 인원은 전부 51명인데 승합차 7대를 사용할 경우 두 명이 탈 수 없었다. 이것을 수학식으로 설명하면 51을 7로 나눈 몫이 ㅁ이고 나머지는 2가 된다. 그럼 나눠지는 수 51에서 나머지 2를 빼 보면 51 − 2 = 49가 되고, 이 49를 7로 나누면 49 ÷ 7 = 7이 되므로 한 차에 운전자를 제외하고 일곱 명이 탈 수 있다.

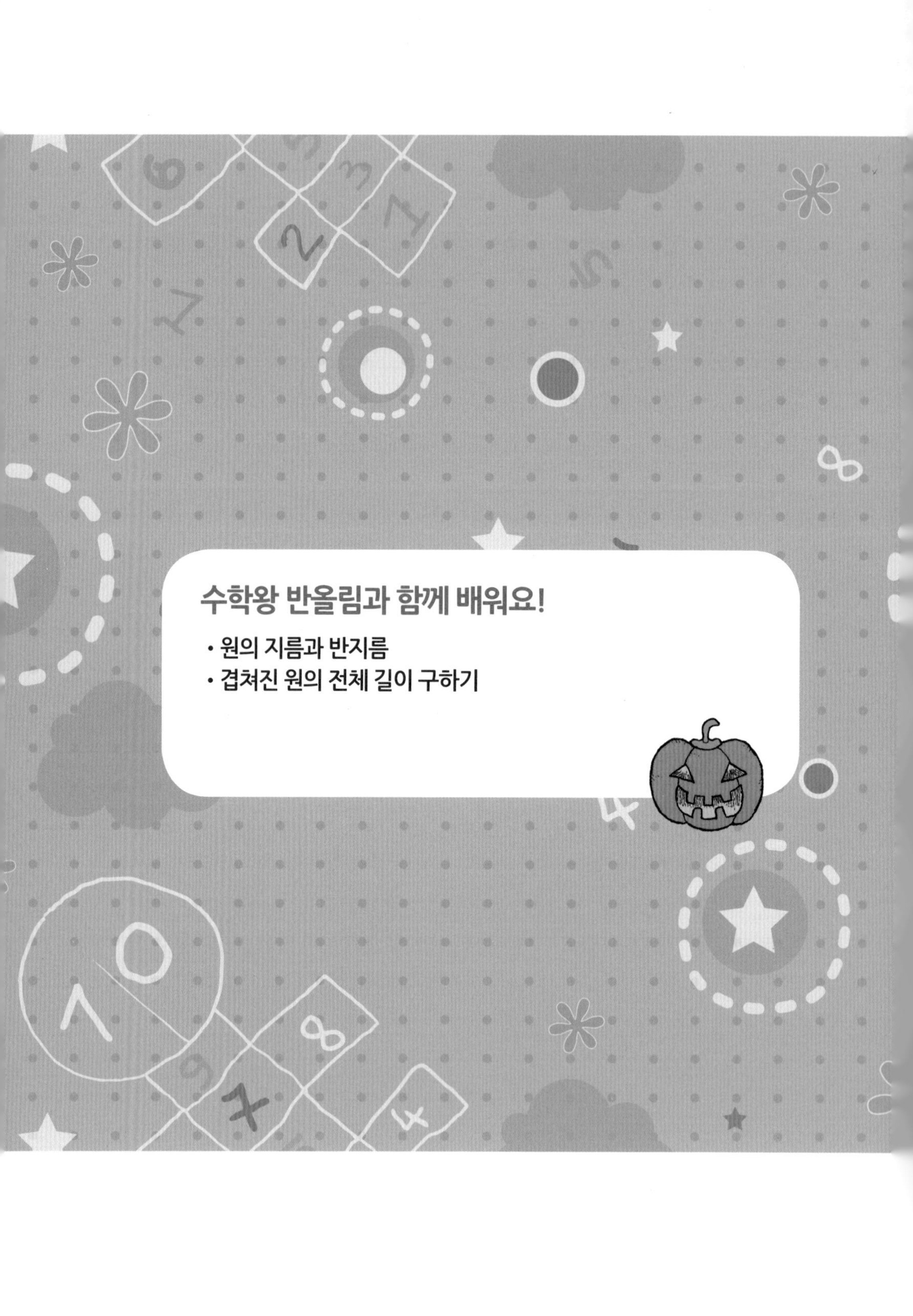
수학왕 반올림과 함께 배워요!
• 원의 지름과 반지름
• 겹쳐진 원의 전체 길이 구하기

몬스터
군단으로부터
왕국을 지켜라!

정완상 선생님의 **수학 교실**

5장 오크 군단과의 혈투

"크워어어어!"

성벽 위에 오르자 어마어마한 수의 오크 군단이 보였다. 모래 먼지를 일으키며 달려오는 오크들의 손에는 도끼며 창 같은 무시무시한 무기들이 들려 있었다.

"모두 방어 준비! 무슨 수를 써서라도 성을 지켜 내야 한다!"

카롤루스 대제가 외쳤다. 어느새 수많은 기사들이 무기를 빼어들고 성벽을 따라 빙 대열해 있었다. 기사들은 모두 긴장된 표정이었다.

"좋아, 기왕 마법 기사라고 밝혔으니 우리 아이템을 마음껏 사용해도 이상하게 생각하지 않을 거야. 우리도 같이 싸우자!"

나는 결의에 찬 표정으로 말했다. 카롤루스 대제는 먼저 성문을 굳게 잠그고 성벽 위로 모든 기사들을 올려 보냈다. 성벽 위로 올라간 기사들은 활시위를 당겨 아래쪽에서 다가오고 있는 오크들을 향해 조준하며 외쳤다.

"괴물들이 사정권 안으로 들어왔습니다!"

"발사! 발사하라!"

기사들은 성 아래쪽의 오크들을 향해 화살을 퍼부었다. 많은 수의 오크들이 화살에 맞고 쓰러졌지만, 방패를 앞에 세우고 화살을 막으며 돌격해 오는 오크들도 많았다.

"올림아, 저길 봐! 오크들이 사다리를 가지고 오고 있어!"

일원이가 가리킨 곳에는 덩치가 큰 오크들이 성벽까지 올라갈 수 있을 만큼 거대한 사다리를 들고 달려오고 있었다. 이내 오크들은 성벽에 사다리를 걸치고는 올라오기 시작했다. 나는 해골 목걸이를 흔들어도 보고 성 아래쪽으로 가까이 대 보기도 했지만 전혀 반응하지 않았다. 도대체 내 아이템은 어떻게 쓰는 거야!

"올림아! 이것 좀 받아!"

"아름아, 이건?"

아름이는 여기 올 때부터 입고 있었던 공주님 드레스의 치맛자락에 돌을 잔뜩 들고 나타났다.

"행주대첩이라고 알아? 임진왜란 때 권율 장군이 행주산성에서 왜군들을 무찌른 싸움 말이야. 그 전투에서 부녀자들이 이렇게 치맛자락으로 돌을 날라 성 아래쪽으로 던지며 싸웠다고 들었어."

아름이에게 이렇게 용감한 면이 있을 줄이야.

"좋아! 우리도 일단 이 돌이라도 던져서 기사들을 돕자!"

우리는 역할을 분담해서 돌을 던지는 조와 나르는 조로 나누었다. 먼저 힘이 센 일원이와 알셈, 어른인 피타고레 박사님이 성 안에서 돌을 날라 오면 나와 아름이, 야무진이 성 아래의 오크들을 향해 돌을 던졌다. 카롤루스 대제가 외쳤다.

"단 한 놈의 괴물도 성 안으로 들여서는 안 된다! 죽기를 각오하고 막아라!"

"크워어어어!"

무시무시한 오크들은 우리가 던진 돌에 맞아 사다리에서 떨어졌고 덩달아 뒤따라 올라오던 오크들까지 와르르 도미노처럼 굴러떨어졌다. 오크들은 계속해서 성벽에 올라오려 시도했지만 우리를 포함한 많은 기사들의 거센 저항에 번번이 실패했다. 나와 야무진은 신이 나서 마구 돌을 던져댔고, 기사들은 창과 칼로 사다리를 기울여 넘어뜨리기도 했다. 순조롭게 오크들의 공격을 막아 내던 그때 돌을 나르던 알셈이 갑자기 멈칫하더니 무언가를 보고 소리쳤다.

"이, 이봐 인간들. 잠깐만! 저기 뭔가가……!"

"뭐야? 왜 그래, 알셈?"

알셈은 지잉 하는 소리를 내며 카메라 렌즈를 길게 뽑아 먼

곳의 오크 무리를 한참 살펴보더니 갑자기 큰 소리로 외쳤다.

"위, 위험해! 오크 궁수다! 저쪽에서도 활을 쏘려 하고 있어!"

알셈의 말이 끝남과 동시에 어디선가 화살 한 발이 휙 날아들더니 야무진의 머리 위쪽에 콱하고는 꽂혔다.

"히이이이익!"

야무진은 하얗게 질린 얼굴로 그 자리에 주저앉았다. 그와 동시에 저 멀리 오크들의 무리 쪽에서 날아오는 엄청난 수의 화살들이 보였다. 어찌나 화살 수가 많은지 하늘이 새까맣게 뒤덮일 정도였다. 나는 다급하게 외쳤다.

"모두 조심해요! 궁수들이 나타났습니다!"

"으윽!"

기사들은 커다란 방패를 앞세워 화살을 막았지만, 몇몇 미처 막지 못한 기사들은 화살에 맞아 쓰러지기도 했다. 그런 와중에도 많은 기사들이 방패로 우리를 막아 주고 있었다.

"마법 기사님! 조심하십시오! 저희가 보호해 드리겠습니다!"

기사들의 방패 속에서 우리들은 다급하게 이야기했다.

"이제 어떻게 하지? 이렇게 비처럼 화살이 쏟아지는데……."

"여, 여, 여긴 기사들에게 맡기고 성 안으로 들어가자. 여기 있다간 고슴도치가 되겠어!"

야무진이 방정맞게 다리까지 오들오들 떨면서 말했다. 뭐, 나도 무섭긴 하니까 야무진을 비난할 생각은 없지만 명색이 수호 기사인데 목숨 걸고 싸우는 기사들을 뒤로하고 도망치고 싶지는 않았다. 뭔가 방법이 없을까 고민하던 그때였다.

"어? 아름아. 네 팔찌가 왜 이렇게 빛나니?"

"네?"

피타고레 박사님이 아름이의 팔찌를 가리켰다. 아름이의 팔찌는 마치 LED불빛처럼 푸른색으로 빛나고 있었고, 웅웅거리는 소리까지 내고 있었다. 아름이도 그런 자신의 팔찌를 보며 말했다.

"혹시 이거, 아이템을 쓸 수 있게 되었다는 신호 아닐까?"

"그럼 어떻게든 써 봐, 네 팔찌는 낮에 레벨 업되기도 했잖아?"

"그, 그치만 난 어떻게 쓰는지 모르는 걸? 위험한 상황에서는 자동적으로 작동한 것 같은데……."

위험한 상황? 그래! 그러고 보니 늘 위험한 상황에서 아름이의 팔찌가 작동했었다. 그리고 일원이의 헤드셋이나 나의 해골 목걸이도 작동되기 전에는 이렇게 강한 빛을 내뿜었었다.

"이제 알겠어, 우리가 가진 아이템들은 쓸 수 있는 상황이 되면 자동으로 마법의 힘이 발휘되는 것 같아. 아이템들이 빛나기 시작하면 그 상황이 왔다는 신호라고!"

나의 말에 아름이는 알쏭달쏭한 표정을 지었다.

"그치만 어떻게 쓰는지 알아야지! 뭐, 이렇게 게임 캐릭터처럼 움직이면 되나?"

아름이는 다소 우스꽝스러운 모습으로 게임 캐릭터가 장풍 쏘는 시늉을 했다. 바로 그때 눈부신 빛이 번쩍 뿜어져 나오며 우리 주위로 아름이의 보호막이 나타났다.

"우왓! 진짜 되잖아?"

"꺄악! 정말 이렇게 쓰는 건가 봐!"

으, 으음 정말로 저렇게 해도 된다니……. 어쨌든 아름이의 팔찌는 레벨 업까지 돼서 전보다 훨씬 큰 보호막을 만들어 냈고, 우리 주위로 날아오는 화살은, 우릴 막아주는 기사들의 방패에 닿기도 전에 보호막에 닿아 부러져 버렸다.

"마, 마법 기사님들이 마법을 쓰시기 시작했다!"

"와아아아아!"

아름이의 보호막을 본 기사들은 용기를 얻어 큰 함성을 지르며 더욱 힘껏 싸우기 시작했다. 아름이의 주위로 몰려든 기사들은 그 안에서 오크 진영을 향해 화살을 쏘기 시작했다. 하지만 아쉽게도 일원이의 헤드셋과 내 해골 목걸이는 빛나지 않았다. 우리는 하는 수 없이 아름이의 보호막 안에서 돌 던지기를 계속할 수밖에 없었다. 그때 한 기사가 달려와 우리에게 말했다.

"크윽! 마, 마법 기사님! 저쪽은 화살이 계속 날아와 어찌할 수가 없습니다!"

한쪽 팔에 화살을 맞은 그 기사가 가리키는 곳은 미처 아름이의 보호막이 닿지 않는 쪽 성벽이었다. 나는 아름이를 향해 말했다.

"아름아! 보호막을 더 크게 만들 수 있겠어?"

"좋아, 해볼게. 뭔가 힘 같은 게 느껴지는데…… 이얍!"

아름이가 팔찌를 낀 팔을 하늘을 향해 힘껏 쳐들자 보호막이 훨씬 더 거대해져 성의 절반을 감싸게 되었다.

"우와! 아름이 완전 멋져!"

야무진이 하트가 그려진 얼굴로 아름이를 바라보았고, 아름이는 자신을 마법 소녀라고 불러 달라며 신 나게 보호막을 펼치고 있었다. 하지만 문제가 생겼다.

"아름아, 잠깐만! 여기 있는 오크들도 보호막 안에 들어와서 공격을 튕겨 내고 있어!"

그랬다. 아름이의 보호막은 아름이를 중심으로 원형으로 펼쳐져 있었는데, 성벽에 있었던 우리를 중심으로 펼쳐진 보호막이 성 밖에 있는 오크들까지 감싸 주고 있었던 것이다. 아름이의 보호막 안에 들어온 오크들은 우리의 돌멩이나 기사들의 화살을 튕겨 내고 있었다.

"좋아! 일단 모두 성의 중앙으로 가자! 어서!"

친구들을 먼저 성의 중앙으로 보내고, 나는 카롤루스 대제에게 달려갔다.

"카롤루스 대제님, 혹시 이 성이 원형으로 생기지 않았나요?"

"아아, 맞습니다. 적의 공격 시 방어하기 유리한 원의 형태로 만들었지요. 헌데 그건 왜……."

"그럼, 이 성의 지름이 어떻게 되는지 아시나요?"

"지, 지름이요? 저, 저도 그것까지는 잘……."

성의 지름이 얼마인지만 알면 아름이가 성의 한가운데서 딱 성

성의 중앙에서 벗어난
상태에서 보호막 가동

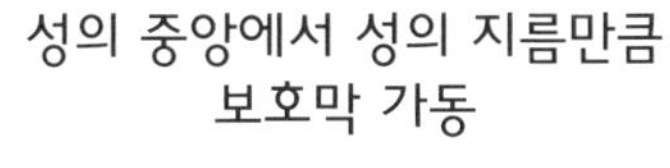

성
보호막

의 지름만큼의 보호막을 만들 수 있을 텐데…….

나는 성의 중앙에 모여 있는 친구들에게 가서 이 이야기를 전해 주었다.

"성의 중앙에서 성의 지름만큼 보호막을 쳐야 해! 보호막이 성의 지름보다 조금만 좁아도 성벽에 있는 기사들이 보호를 받을 수 없게 되고, 반대로 성의 지름보다 조금만 커져도 성벽에 가까이 있는 오크들까지 보호해 주게 될 거야. 정확하게 성의 지름을 알아야 해."

"그럼 우리가 직접 지름을 정확하게 측정하면 되지 않을까?"

"하지만 이렇게 큰 성의 지름을 어떻게 잴 수 있어? 하다못해 커다란 자도 없잖아."

일원이와 야무진이 말했다. 그때 알셈이 나섰다.

"훗, 이봐! 인간들. 이 몸을 잊은 건 아니겠지? 나에겐 무엇이든 재료만 넣으면 만들어 낼 수 있는 3D 프린터 기능이 있다고."

"3D 프린터?"

"그래. 만들어 낼 물건의 재료를 넣고 설계도를 입력하면 넣은 재료로 된 물건을 만들어 낼 수 있는 기능이지."

알셈의 말에 따르면 피타고레 박사님의 기술까지 더해진 자신의 3D 프린터는 무엇이든 재료만 있으면 만들어 낼 수 있다고 했다. 예를 들면 쇳덩이를 넣어서 갑옷을 만들어 낸다든가 나무를 넣어 종이를 만들어 낼 수도 있다고 했다.

"그럼, 성의 지름을 잴 만한 줄자를 만들어 주지. 어디 보자, 줄자를 만들어 낼 만한 재료가……."

알셈은 우리를 쭉 둘러보더니 야무진의 스마트 폰을 가리켰다.

"이봐, 너! 네 스마트 폰 보호 케이스를 여기에 넣어 봐."

알셈이 위잉 소리를 내며 자신의 등에서 서랍 같은 곳을 열며 말했지만 야무진은 질색했다.

"아, 안 돼! 이건 슈퍼 로봇 시리즈가 그려진 한정판 스페셜 리미티드 에디션 보호 케이스란 말이야!"

"어휴, 이 주위에 고무 같은 재료는 그것뿐이야. 어서 넣어!"

지금 성에는 화살이 빗발치고 있는데 무슨 한정판 타령이람. 나는 징징대는 야무진에게서 스마트 폰을 뺏다시피 해서 고무로 된 보호 케이스를 훽 벗겨낸 다음 그것을 알셈의 3D 프린터 안에 넣었다. 야무진에게 조금 미안하긴 했지만 무엇보다 빨리 성의 지름을 재야 했다. 알셈은 순식간에 거짓말처럼 줄자를 만들어 꺼내 보였다.

"우와, 진짜 신기하다! 대단해, 알셈!"

"훗, 뭘 이 정도를 갖고!"

존경스러운 눈빛을 보내는 일원이 앞에서 알셈은 의기양양한 모습으로 잘난 체하고 있었다.

"올림아, 서둘러! 성의 지름이 얼마나 되는지만 나에게 알려 주면 돼!"

아름이는 성의 한가운데에 서서 보호막을 펼칠 준비를 하고 있었다. 서둘러 성의 지름을 재야 했다. 우선 일원이가 줄자의 끝을 잡고 한쪽 성 끝으로 갔고, 나는 줄자를 잡고 성의 한가운

데를 지나 반대쪽 성 끝으로 달려갔다. 헉! 그런데 줄자가 조금 짧았다.

"이런, 줄자가 조금 짧은데? 더 길게 만들 수는 없어?"

"더는 안 돼. 그건 무려 100미터짜리 줄자야. 그것도 최대한 길게 하려고 아주 얇게 만든 거라고."

"나도 더 이상 줄 케이스도 없어!"

알셈과 야무진이 난처한 표정을 지었다. 이런! 성이 생각보다 꽤 컸다. 이제 어떻게 해야 하지? 내가 어쩔줄 몰라 고민하고 있을 때 그 모습을 지켜보던 피타고레 박사님이 말씀하셨다.

"흠, 올림아. 혹시 반지름의 길이는 잴 수 있니?"

"반지름이요?"

"그래, 성의 한쪽 끝에서 가운데를 조금 지나서 줄자가 끊겼다면, 끝에서부터 성의 가운데까지의 거리는 측정할 수 있잖니."

“아하! 원의 지름은 반지름의 두 배가 되니까 반지름만 측정해도 원의 지름을 알 수 있어.”

이런 간단한 수학의 원리를 이 반올림이 잊고 있었다니. 나는 다시 뒷걸음쳐 아름이가 서 있는 성의 한가운데에서 줄자의 눈금을 살펴보았다.

“성의 반지름은 85미터야! 85 × 2 = 170이니까 성의 지름은 170미터야, 아름아!”

“좋아! 이제 맡겨 둬! 지름 170미터만큼 커져라, 보호막!”

아름이가 외치며 하늘을 향해 팔찌를 낀 팔을 멋지게 들어보이자 정확히 성의 지름과 똑같은 크기의 보호막이 만들어졌고, 우리를 포함한 성에 있는 사람들만 보호해 주게 되었다. 우리는 환호했고, 보호막 안에서 싸우는 기사들도 사기가 올라 큰소리로 함성을 질렀다. 카롤루스 대제가 외쳤다.

“마법 기사님들이 우리를 지켜 주고 계신다! 두려워 말고 싸워라!”

좋았어! 진짜 싸움은 이제부터다!

6장
오크 군단장을 물리쳐라!

전투는 우리 쪽으로 승산이 기운 것처럼 보였다. 끈질기게 성벽에 오르기를 시도하는 오크들은 돌을 던지며 저항하는 우리에게 막혀 한 녀석도 올라오지 못했고, 오크 궁수들의 화살은 모조리 아름이의 보호막에 닿아 부러졌다.

"오크들이 지쳐가고 있어. 아름아, 조금만 힘내!"

"으, 응! 난 괜찮아!"

아름이는 두 손을 높게 들고 보호막을 유지하고 있었지만, 땀을 뻘뻘 흘리며 힘들어하는 모습이었다. 지름이 170미터나 되는 거대한 보호막을 언제까지 유지할 수 있을까?

"안 되겠어. 올림아, 저러다가 아름이가 쓰러지겠어!"

일원이가 걱정스러운 얼굴로 말했다. 나도 같은 생각이지만 아직도 오크들은 끝없이 몰려오고 있었다. 알셈에게 말했다.

"알셈, 남은 오크들의 수가 얼마나 돼?"

내 말에 알셈은 카메라 렌즈를 이리저리 돌려가며 성 밖의 오크들을 살펴보기 시작했다.

"으음, 어디 보자. 300, 500, 1000…… 아직도 천 마리도 넘게 남았어. 게다가 궁수들은 아직 지치지도 않은 것 같아."

이런. 이래서야 버티기만 할 뿐 이기고 있다고 할 수 없었다. 어떻게든 더 강한 공격이 필요한데……. 그때 갑자기 전해지는 엄청난 충격에 모두 넘어지고 말았다.

콰쾅! 지진이라도 일어난 것처럼 거대한 성이 갑자기 흔들렸다. 우리는 정신을 차리고 아래를 내려다보았다. 이럴 수가! 오크들이 거대한 통나무로 성문을 부수고 있었다. 성문이 부서져 오크들이 성 안으로 들어오면 그 오크들도 아름이의 보호막 안으로 들어오게 된다.

"저쪽으로 이동하자! 오크들이 성 안으로 들어오면 끝장이야!"

우리는 다급하게 성문 쪽으로 이동했고, 그 와중에도 오크들은 쿵쿵대며 성문을 부수려 시도하고 있었다. 성문 쪽에는 이미 많은 기사들이 온몸으로 성문을 낑낑대며 막고 있었다.

"우리도 같이 가서 막자!"

피타고레 박사님의 말에 야무진과 알셈도 나서서 기사들과 함께 성문을 막으려 달려나갔다.

"우리도 가자, 올림아."

"그래, 어?"

나는 일원이를 바라보고 깜짝 놀랐다. 일원이의 헤드셋이 강하게 빛나고 있었다!

“일원아! 네 헤드셋!”

“응? 우왓! 내 헤드셋도 사용할 수 있게 됐어!”

가만, 일원이의 헤드셋은 숫자들이 마구 날아다니며 공격하는 능력이 있다. 하지만 지금 이 성은 아름이의 보호막으로 보호되고 있는데…… 그래! 나는 순간 기가 막힌 작전이 떠올랐다.

“좋아! 잠깐만 기다려, 일원아! 내가 신호하면 헤드셋을 사용해!”

나는 우선 성의 가운데에 있는 아름이에게 달려갔다. 아름이는 아까보다 더 지쳐 보였다. 더 이상 보호막을 치고 있다가는 아름이가 먼저 쓰러질 것 같았다.

“오, 올림아. 얼마나 더 있어야 해?”

“아름아, 조금만 참아. 내가 신호하면 보호막을 바로 중단하도록 해. 그다음부터는 일원이의 헤드셋이 오크들을 상대할 거야.”

나는 카롤루스 대제에게도 달려가 나의 작전을 알렸고, 카롤루스 대제는 흔쾌히 수락하며 기사들에게 알렸다.

“모든 성벽의 기사들은 성 아래쪽으로 후퇴하라!”

카롤루스 대제의 명에 따라 성벽에 있던 기사들은 모두 성 아래쪽으로 내려왔고, 방패를 머리 위로 들어 보호막 없이도 날아오는 화살로부터 피해를 입지 않도록 단단히 방어했다.

“자, 이제 성문을 막고 있는 모든 기사분들은 뒤로 후퇴하세요!”

내 말에 성문을 온몸으로 막고 있던 기사들과 피타고레 박사님,

야무진과 알셈까지 모두 우루루 성문에서 비켜섰다.

우지끈! 성문을 막던 사람들이 비켜서자마자 날카롭게 깎은 거대한 통나무가 성문을 부숴 버렸다. 오크들은 환호성을 지르며 성 안으로 들어오기 시작했다. 좋아, 계획대로 됐다.

"아름아! 지금이야! 보호막을 중단해!"

위이잉 소리를 내며 아름이의 보호막이 꺼졌고, 아름이는 조금 비틀거리며 그 자리에 주저앉았다.

"알셈! 아름이를 부탁해! 기사분들은 모두 뒤로 물러서세요!"

피타고레 박사님과 알셈이 쓰러진 아름이에게 달려갔다.

"지금이야, 일원아! 헤드셋을 사용해!"

"좋았어! 에잇! 맛 좀 봐라!"

일원이가 빛나는 헤드셋을 귀에 착용하자 헤드셋에서 작은 숫자들이 마구 튀어나왔다. 튀어나온 숫자들은 성 안으로 들어온 오크들의 사이를 마구 휘젓고 다니며 공격했다. 오크들은 허공에서 날아다니는 숫자들을 도끼로 쳐 보기도 하고 손으로 밀어내 보기도 했지만, 빠르고 무거운 숫자들은 사정없이 오크들을 공격했다. 일원이는 신이 나서 오크들의 한가운데로 헤드셋을 쓴 채 뛰어다녔고, 일원이의 헤드셋에서는 더 많은 숫자들이 튀어나와 성 안으로 들어온 오크들을 몽땅 때려눕히고 있었다. 나의 작전이 완벽하게 성공했다!

"어, 저 녀석은 뭐지?"

야무진이 가리킨 곳에는 다른 오크들보다 두 배는 큰 덩치의 오크 한 마리가 서 있었다. 그 녀석은 우리의 키보다 더 큰 거대한 칼을 들고 있었는데, 쓰러지고 있는 다른 오크들을 밀쳐내며 앞으로 나오고 있었다.

"옳거니! 저 녀석이 대장인 모양이야."

척 보기에도 대장급으로 보이는 그 오크는 다른 오크들보다 더 화려하고 푸른 갑옷을 입고 있었다. 저 녀석만 쓰러트리면 이 오크들은 사기가 떨어져 모두 도망칠 것이다.

"일원아! 저 녀석이 대장이야! 저 녀석을 집중 공격해!"

"그래? 좋았어, 이 녀석! 맛 좀 봐라!"

일원이가 헤드셋을 쓰고 대장 오크에게 달려들었다. 하지만 과연 대장은 대장이었다. 그 오크는 거대한 몸집과는 달리 매우 빠른 몸놀림으로 날아드는 일원이의 숫자들을 모두 칼로 막아 냈다.

"크워어어! 감히, 이 정도로 나를 쓰러트릴 수 있을 것 같은가!"

"으아악! 마, 말도 한다!"

호오, 과연 대장은 말도 하는구나. 그보다 저 녀석, 헤드셋의 마법이 통하지 않잖아? 일원이는 잔뜩 겁에 질려 뒷걸음쳤다.

"일원아, 일단 다른 오크들을 상대해! 기사들은 전부 저 녀석을 집중 공격하세요!"

"알겠습니다! 이야아압!"

기사들이 용감하게 칼을 들고 대장 오크에게 돌진했다. 하지만 대장 오크는 정말 강했다. 칼을 한 번 휘두를 때마다 두세 명의 기사들이 나가떨어졌고, 뒤쪽의 기사들이 쏘는 화살도 전부 칼로 부러뜨렸다.

"가소롭구나! 나는 루시퍼 님의 총애를 받고 있는 오크 군단장! 너희 모두를 없애주마! 크워어어!"

미카엘의 짐작대로 이 녀석은 마왕 루시퍼의 부하였다. 어떻게든 이 녀석은 물리쳐야 한다. 하지만 일원이의 헤드셋 마법도 통하지 않는데…… 이제 어떻게 해야 하지?

"거기 네놈, 네놈이 대장인 듯하구나! 네놈부터 없애 주겠다!"

으악! 오크 군단장이라는 녀석이 나를 가리키며 달려오기 시작했다. 용감한 기사들이 나의 앞을 재빨리 막아섰지만, 오크 군단장이 칼을 휘두르며 그런 기사들을 추풍낙엽처럼 밀어내고 있었다.

"마법 기사님, 성 안으로 피신하십시오! 여기는 어떻게든 저희가 막겠습니다!"

"그래, 올림아! 나는 성문에서 나머지 오크들이 들어오는 걸 막고 있을게!"

일원이는 성문에서 다른 오크들이 더 이상 성 안으로 들어오지 못하게 막고 있었고, 나를 쫓아 들어오는 오크 군단장을 다른 기사들이 힘겹게 막아 주고 있었다. 나는 일단 성 안까지 달려갔지만 이래서야 마을에서 흑기사를 두고 도망쳤을 때와 다를 바가 없었다. 도망치면서 계속 내 목걸이를 살펴봤지만 아직 내 목걸이는 빛나고 있지 않았다. 저 멀리 아름이를 부축하고 있는 피타고레 박사님과 알셈이 보였다. 아름이는 아픈 기색이 역력한 얼굴을 하고 있었다. 내가 너무 무리하게 마법을 사용하도록 시킨 게 아닐까 싶어 미안한 마음이 들었다.

"크핫핫! 어리석구나 인간!"

헉! 그 소리에 뒤를 돌아보자 어느새 기사들의 포위망을 뚫고 성 가운데까지 들어온 오크 군단장이 보였다. 오크 군단장은 하늘 높이 점프하여 거대한 칼을 나에게 내리찍으려 하고 있었다.

카캉! 무언가 부딪히는 소리에 감은 눈을 살짝 떠서 바라보았다. 아니? 아름이의 보호막이잖아? 뒤를 돌아보자 아름이는 그 힘든 몸으로도 팔찌를 낀 팔을 뻗어 작은 보호막을 펼쳤다.

"오, 올림아! 어, 어서 도망쳐!"

"아름아! 그만둬, 더 이상 마법을 썼다간 네가 위험해!"

나는 아름이에게 달려갔다. 아름이는 박사님과 알셈의 부축을 받고 간신히 몸을 가누고 있었다. 이 상황에서 날 위해 보호막을 쓰다니…….

"바, 바보야, 네가 죽게 생겼는데 그게 무슨 상관이야. 헤헤."

눈물이 핑 돌았다. 왜 나는 친구들의 도움이 없으면 아무것도 하지 못하지? 왜 내 목걸이 아이템은 강력한 마법 기능이 없는 거야!

"호오. 네놈들, 미카엘의 부하들이로구나. 그러나 이런 보호막 따위 깨부수면 그만이지! 오크 스톰!"

오크 군단장은 거대한 칼을 양손으로 잡더니 마치 팽이처럼 칼을 들고 제자리에서 빙글빙글 돌기 시작했다. 점점 더 빠르게 돌던

오크 군단장은 조금씩 아름이의 보호막이 쳐져 있는 우리 쪽으로 이동했고 오크 군단장의 칼끝이 보호막에 닿자 불꽃이 튀었다. 콰콰콰쾅!

"오, 올림아! 저 녀석이 보호막을 부수고 있는 것 같구나!"

피타고레 박사님이 다급한 표정으로 말했다. 정말로 오크 군단장은 빠르게 회전하며 아름이의 보호막을 조금씩 부수고 있었다. 몬스터들이 이런 마법까지 사용할 줄이야! 그 모습을 본 기사들이 방패를 앞세워 오크 군단장에게 달려들었지만, 빠르게 회전하는 오크 군단장의 칼날에 방패가 모두 종잇장처럼 구겨져 버렸고 기사들은 모두 튕겨져 나갔다.

"이, 이봐 꼴뚜기! 어떻게 좀 해 봐!"

“이러다 완전히 보호막 안까지 들어오겠어!”

알셈과 야무진은 서로 부둥켜안고 겁에 질려 떨고 있었다. 나도 어떻게든 하고 싶단 말이야! 그때 보호막의 한쪽이 완전히 찢겨지고 회전하던 오크 군단장이 보호막 안까지 들어왔다.

“크워어어! 이대로 너희까지 모두 쓸어 주마!”

“내, 내가 보호막을 몇 개 더 만들어 볼게. 조금씩 뒤로 물러서!”

아름이는 그 와중에 우리 뒤쪽으로 조그만 보호막을 몇 개 더 만들어 냈고, 우리는 그 보호막을 통해 조금씩 뒤로 이동했다. 조그만 원형의 보호막이어서 아름이는 괜찮다고 했지만, 확실히 더 이상 보호막을 만들었다간 아름이가 먼저 쓰러지게 될 것 같았다. 게다가 쓰러지기 일보 직전의 아름이를 부축하면서는 빠르게 도망칠 수도 없었다. 이제 정말 절체절명의 순간이다. 제발 누가 좀 도와줘!

바로 그때, 거짓말처럼 시간이 멈췄다. 우리 일행을 제외한 기사들과 오크 군단장은 그대로 움직임이 멈췄다.

"고작 저 정도 몬스터를 상대로 이렇게 고전할 줄은 몰랐군."

미카엘의 목소리가 들려왔다. 저 목소리가 이렇게 반가울 줄이야. 나는 다급하게 외쳤다.

"미카엘! 어서 도와줘요! 이러다가 꼼짝없이 죽게 생겼다고요!"

"좋아. 이 퀘스트를 클리어한다면 이번엔 네 목걸이를 레벨 업시켜 주마. 전보다 더 강력한 힘은 물론, 더 자주 사용할 수 있게 될 것이다."

"좋아요! 목숨 걸고 꼭 클리어할 테니 퀘스트 문제를 주세요!"

나는 어느 때보다도 더 결의에 차 있었다.

"후후후, 좋다. 마침 너희가 원형의 보호막을 여러 개 만들어 놓았구나. 그렇다면 원의 반지름에 대한 문제를 내지."

"원의 반지름이요?"

"그렇다. 반지름이 2m인 원 다섯 개가 겹쳐져 있다. 겹쳐진 원 다섯 개의 전체 길이를 말해 봐라."

으으, 원이 여러 개 겹쳐져 있으니 헷갈리는데? 우선 차분하게 두 개부터 생각해보기로 했다. 원이 두 개 겹쳐져 있다면 한쪽 원의 반지름이 2m이고, 겹쳐진 두 원의 반지름이 2m, 남은 원의 반지름이 또 2m니까 2 + 2 + 2 = 6. 총 6미터가 된다. 좋아, 이렇게 생각하니

어렵지 않군. 원이 세 개가 되면 반지름이 겹쳐지는 부분을 포함해서 반지름이 총 네 개가 되니까 2 + 2 + 2 + 2 = 8(m), 네 개가 되면 반지름이 다섯 개가 되니까 2 + 2 + 2 + 2 + 2 = 10(m)가 된다. 그리고 다섯 개가 겹쳐지면 반지름은 총 여섯 개가 된다. 2 + 2 + 2 + 2 + 2 + 2 = 12!

"반지름 2m인 원 다섯 개 겹쳐져 있을 때, 전체 길이는 12m예요!"

원이 두 개면 반지름은 셋

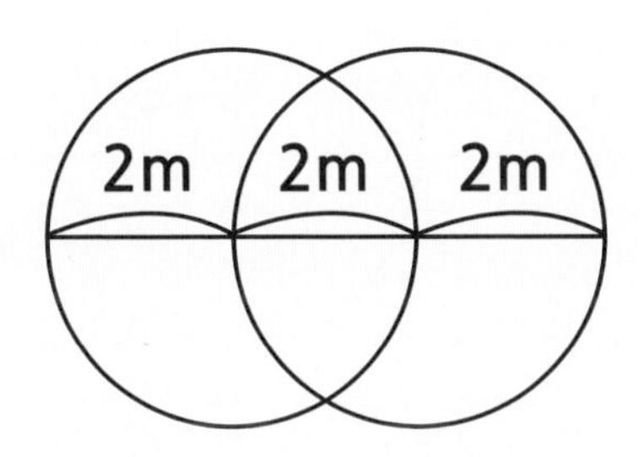

내 말이 끝나자 드디어 내 목걸이도 푸르게 빛나기 시작했다. 하지만 미카엘이 멈춘 시간은 여전히 멈춰져 있었다.

"우왓! 드디어 제 아이템도 쓸 수 있게 된 건가요?"

"후후, 그렇다. 이제 실전에서 쓸 수 있도록 응용 문제를 내주지. 현재 아름이가 반지름이 3m인 세 개의 보호막을 만들어 두었고, 너희는 그 중앙에 있다. 그리고 저 오크는 지름 3m로 회전하면서 첫 번째 보호막의 중앙까지 뚫었지. 너희와 저 오크 녀석과의 거리가 얼마인지 말한다면 이 퀘스트는 클리어되고, 네가 답한 거리만큼 목걸이에서 마법이 사용될 것이다."

좋아! 처음 문제를 응용한다면 어려울 것 없었다. 우선 우리는 첫 번째 원의 중앙에 있었고, 네 번째 원의 중심까지의 거리를 알면 된다. 먼저 원의 반지름이 3m니까 우리가 있는 첫 번째 원의 반지름

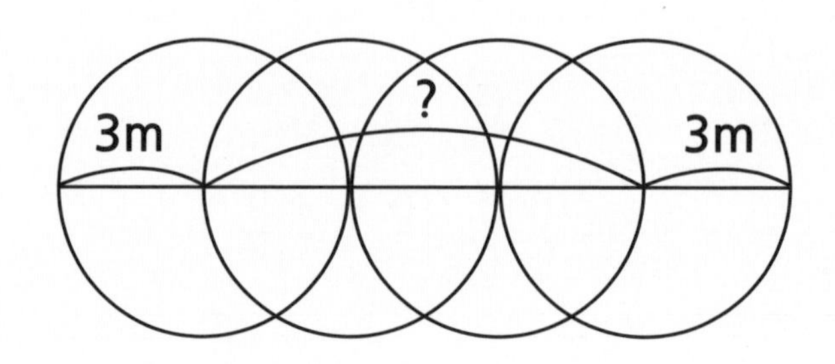

인 3m에 두 번째 원의 반지름인 3m를 더하고, 세 번째 원의 반지름인 3m를 또 더하면 네 번째 원의 중앙까지의 거리가 나온다. 3 + 3 + 3 = 9!

"저 오크 군단장과 우리와의 거리는 9m예요!"

그러자 시간이 다시 흐르기 시작했다. 친구들은 환호했고 오크 군단장은 영문을 모르는 얼굴이었다. 나는 금방이라도 뿜어져 나올 듯 강렬하게 빛나는 목걸이를 손에 꽉 쥐었다.

"좋아, 이제 내 차례다!"

"잠깐만, 반올림! 저 녀석 빙글빙글 돌고 있잖아. 네 마법도 튕겨 낼지도 몰라."

그렇게 말하며 갑자기 야무진이 막아섰다.

"그, 그래서?"

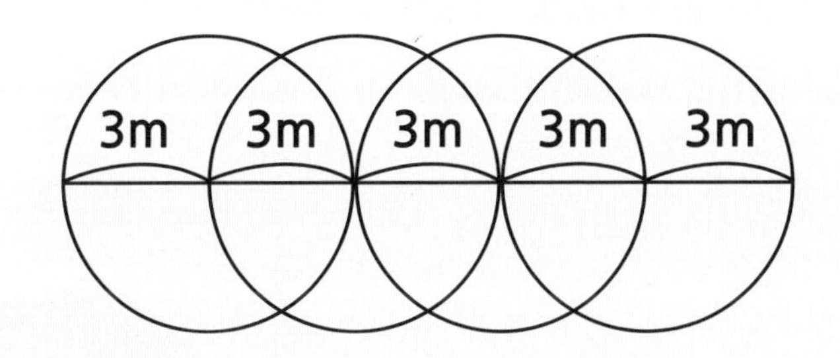

"내 한정판 보호 케이스의 분노를 받아라! 레이저 빔!"

응? 야무진은 갑자기 스마트 폰의 플래시를 켜며 오크 군단장을 연속 촬영하기 시작했다. 야무진의 스마트 폰은 찰칵찰칵 소리를 내며 번쩍거리는 플래시를 연속으로 터트리고 있었다.과연 스마트한 녀석이군. 아니, 그보다 줄자로 다시 태어난 그 한정판 어쩌고 보호 케이스를 아직도 생각하고 있었던 거야?

"크워어억? 누, 눈부셔!"

앗! 그런데 진짜로 오크 군단장이 번쩍거리는 플래시 세례에 회전을 멈추고 눈을 가리고 주춤했다.

"지금이야, 반올림!"

"좋았어! 9m 앞으로 발사!"

내 목걸이에서 나온 광선은 오크 군단장에게 정확하게 적중했고,

그 녀석은 온몸에서 연기를 내뿜으며 맥없이 쓰러졌다. 내가 쓰러뜨렸다! 성공이다! 우리는 환호성을 지르며 서로를 얼싸안고 기쁨을 나누었다. 드디어 나도 친구들을 지킬 수 있는 힘이 생겼다!

성문을 지키던 일원이가 우리에게 뛰어오며 외쳤다.

"올림아! 우리가 해냈어! 오크들이 모두 도망치고 있어!"

역시 예상대로 대장이 쓰러지고 나니 오크들은 전의를 상실했는지 무기를 버리고 잽싸게 도망치기 시작했다. 카롤루스 대제는 크게 기뻐하며 소리쳤다.

"과연 마법 기사님들이다! 자, 도망치는 괴물 녀석들을 추격해라! 단 한 놈도 살려 두지 마라!"

"앗, 카롤루스 대제님! 잠깐만요! 아름이도 그렇고, 기사들도 다친 사람이 많습니다. 저 녀석들은 대장을 잃었으니 다시 덤벼 오지 못할 거예요. 우선 부서진 성문도 수리하고, 우리 쪽 부상자들을 치료하는 게 먼저인 것 같습니다."

"아아, 예. 마법 기사님들께서 그리 말씀하신다면……."

역시…… 이럴 때 박사님은 조금 어른스러운 면도 있으시구나. 카롤루스 대제는 다시 명령을 내려 부상자들을 돌보고 부서진 성문을 수리하도록 했다. 우리

도 우선 한숨 돌리고 지친 아름이부터 편하게 쉬도록 했다. 카롤루스 대제는 극진한 대접을 하며 아름이에게 몸에 좋다는 각종 약들과 훌륭한 의사들을 모두 보내주었다. 다행히 아름이는 가벼운 두통만 조금 있다고 했다. 나는 약을 먹고 누워 있는 아름이에게 가서 말했다.

"아름아, 아깐 정말 고마웠어. 네가 아니었다면 난 꼼짝없이 죽었을지도 몰라."

"난 괜찮아. 그리고 올림이 너, 너무 우리 때문에 목숨 걸고 싸우려고 하지 마. 너한테 무슨일이라도 생기면 난……."

아름이는 그렇게 말하고서 얼굴을 붉혔다. 어, 어라? 뭔가 이상한 기분이 들었다. 서, 설마 아름이가 날…….

"이봐, 꼴뚜기. 카롤루스 대제가 급하게 찾아."

깜짝이야! 갑자기 등 뒤로 다가온 알셈의 말에 정신이 번쩍 났다.

"알았어, 알셈. 아름아, 일단 아무 걱정 말고 푹 쉬어."

"으, 응. 그래. 난 괜찮으니까 걱정 말고 어서 가 봐."

쳇. 뭔가 좋은 분위기인 것 같았는데 눈치 없는 알셈 녀석.

"이봐, 반올림. 아름이가 쉬고 있는데 왜 들어가서 방해하는 거야? 아름이는 이 몸이 지킬 테니 이곳엔 얼씬도 하지 마."

방에서 나오는 내게 야무진이 폼 잡으며 말했다.

"아, 예. 그러십시오. 카메라 기사님."

"뭐얏!"

실랑이를 벌이며 나와 야무진은 알셈의 안내로 카롤루스 대제와 피타고레 박사님, 일원이가 있는 방으로 들어갔다. 그곳에서 카롤루스 대제는 놀라운 이야기를 꺼냈다.

"마법 기사님, 전에 말씀드렸던 정찰병들이 돌아왔습니다. 그중 한 정찰병이 이곳에서 남서쪽에 있는 한 항구에서 엄청나게 거대한 배를 발견했다고 했습니다. 그곳에서 우리 성을 습격한 그 초록색 피부의 괴물들이 내리는 것을 봤다는군요."

거대한 배? 설마 미카엘 같은 유령선을 말하는 건가? 어쨌든 흑 기사의 말대로 성에서 몬스터가 처음 나타난 곳의 정보는 알아냈다. 엄청나게 거대한 배와 그 안에 몬스터들이 있다면, 그 배는 미카엘이 말한 마왕 루시퍼일 가능성이 높았다. 우리는 카롤루스 대제의 이야기를 들으며 침을 꿀꺽 삼켰다. 이제 진짜 최종 보스와의 대결이 코앞으로 다가온 것이다.

〈하권에 계속〉

여러분, 본문 속에 녹아 있는 도형 '원'에 대해서 더욱 자세히 알아볼까요?

1 원과 지름, 반지름이란 무엇일까요?

원이란 평면 위의 한 점에서 일정한 거리에 있는 점들로 이루어진 곡선을 말해요. 컴퍼스를 사용하여 한 끝점을 고정시키고 다른 한 끝점을 한 바퀴 돌리면 원이 되죠. 이때 컴퍼스로 찍은 점 즉, 원의 둘레의 모든 점으로부터 항상 같은 거리에 있는 점을 '원의 중심'이라고 하고, 원의 중심에서 원 위의 한 점까지의 거리를 '원의 반지름'이라고 합니다. 한 원에서 반지름은 수없이 많으며, 반지름의 길이는 항상 같아요. 원의 중심을 지나도록 원 위의 두 점을 이은 선분을 '원의 지름'이라고 해요. 한 원에서 지름은 수없이 많으며, 지름의 길이는 항상 같아요.

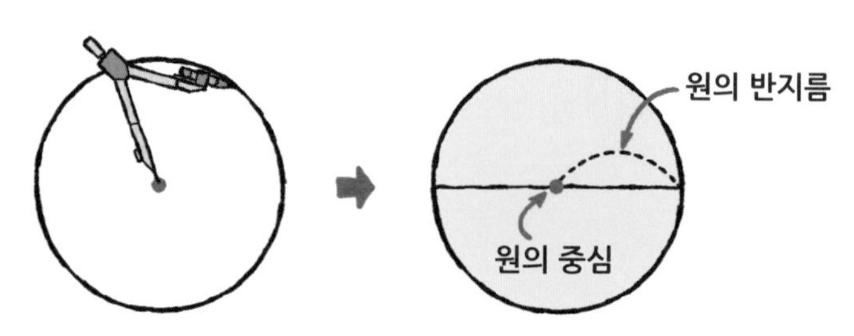

2 원의 반지름이 5cm라면, 이 그림의 원 두 개의 길이는 얼마일까요?

우선, 이 원의 반지름이 5cm니까, 원의 지름은 그 두 배인 10cm가 돼요. 원 두 개가 나란히 있다면 5cm인 반지름이 네 개, 혹은 10cm인 지름이 두 개 있다고 보면 돼요. 반지름으로 더해 보면 5 + 5 + 5 + 5 = 20(cm)가 되고, 지름으로 더해도 10 + 10 = 20(cm)가 됩니다. 그래서 답은 20cm가 돼요.

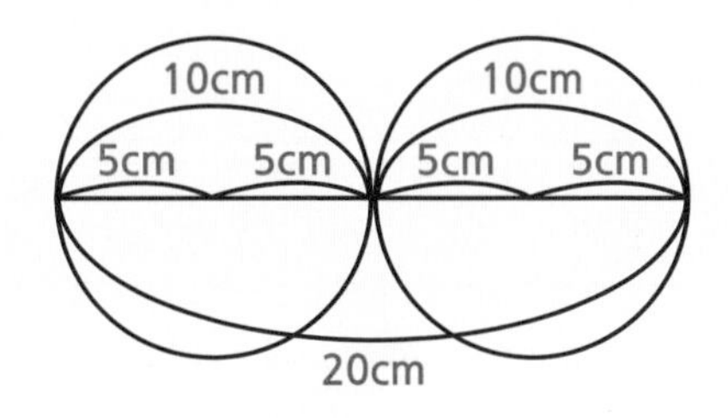

3 여러 개의 원이 겹쳐져 있다면 어떻게 될까요?

앗, 이건 반올림 군이 풀었던 문제와 비슷하네요. 이 문제도 어렵지 않아요. 원이 겹쳐져 있다면, 겹쳐져 있는 반지름을 주의해서 살펴봅시다. 우선 이 그림에서 원은 총 네 개가 있군요. 이 그림에서 반지름을 세어 보면 총 다섯 개가 돼요. 그러니까 5 + 5 + 5 + 5 + 5 = 25(cm)가 되네요.

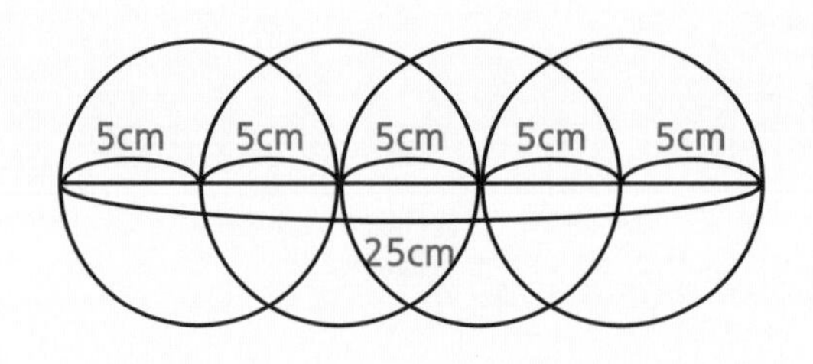

4 원으로 된 여러 가지 다른 모양을 살펴볼까요?

(가) 모양: 세 원의 중심은 모두 다른데 반지름의 길이는 같아요.

(나) 모양: 세 원의 중심은 같은데 반지름의 길이가 모두 달라요.

(다) 모양: 세 원의 중심과 반지름의 길이가 모두 달라요.

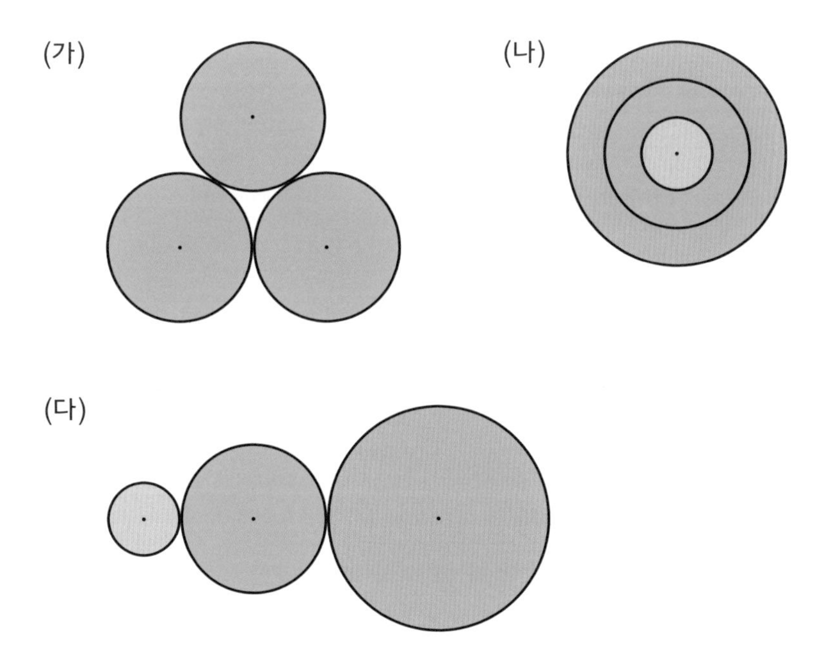

"헤헤, 정말 맛있어요, 박사님!"

"으으, 무슨 초등학생이 혼자서 피자 네 판을 다 먹어치울 기세냐."

피타고레 박사는 유일한 조수인 일원이가 월급을 달라고 칭얼대자 하는 수 없이 월급 대신 피자 가게로 데리고 왔다. 일원이가 아무리 먹보라지만 피자 한 판이면 충분히 배불러 할 줄 알았는데, 일원이는 2 + 2 행사로 각각 다른 맛의 피자 네 판을 두 판 값에 주는 메뉴를 주문했다. 그리고 무서운 속도로 먹어치우기 시작한 것이다. 남으면 사무소로 가져갈 생각이었는데……. 아무래도 일원이는 이 자리에서 다 먹을 것 같았다.

"저, 혹시 수학 탐정 사무소의 피타고레 박사님 아니세요?"

그때 난처한 얼굴의 예쁜 피자 가게 점원이 피타고레 박사에게 말을 걸어왔다. 피타고레 박사는 몇 번 헛기침을 해서 목소리를 가다듬고는 중저음으로 말했다.

"후후후, 그렇습니다. 바로 제가 피타고레 박사입니다. 무슨 일이신지요?"

"실은 배달용으로 쌓아 두었던 피자 네 판 중에서 한 판을 손님 중 한 분이 슬쩍 가져가서 먹고 있는 것 같아요. 의심 가는 사람이 있긴 한데…… 손님이라서 함부로 물어볼 수도 없고……. 범인을 밝혀내시면 방금 주문한 피자는 무료로 해드리겠습니다."

"네에? 그런 일이! 어디 자세히 좀 봅시다."

피타고레 박사는 무료라는 말에 혹해 더욱 열정이 불타올랐다. 박사는 점원을 따라 배달용 2 + 2 피자 박스가 있는 곳으로 갔다. 점원이 말했다.

“이 박스에 있던 피자였어요. 한 판을 도둑맞고 지금은 세 판밖에 남아 있지 않네요.”

박사는 갑자기 주머니에서 줄자를 꺼내 피자가 담겨 있는 종이 박스의 길이를 쟀다.

“흠, 피자 네 개가 들어갈 수 있는 한 변의 길이가 28cm인 정사각형의 피자 박스군요.”

“네, 맞아요. 저기 의심이 가는 손님은 총 세 분인데, 지금 피자를 드시고 계세요. 바쁜 와중이라 저분들이 돈을 주고 산 피자를 먹는 건지, 훔친 피자를 먹고 있는 건지 잘 기억이 나질 않네요.”

“걱정 마십시오. 마침 저 세 분이 드시고 계신 피자의 크기가 모두 다르

니까 범인을 쉽게 알아낼 수 있을 겁니다."

점원은 무슨 말인지 몰라 어리둥절한 표정이었다. 박사는 피자를 먹고 있는 세 명에게 다가가 먹고 있는 피자 한 조각의 반지름을 재어 봐도 되겠냐고 물었고, 세 명 모두 흔쾌히 수락했다. 세 명이 먹고 있는 피자 한 조각의 반지름을 모두 재어 본 피타고레 박사는 점원에게 말했다.

"첫 번째 손님은 피자 한 조각의 반지름이 5cm, 두 번째 손님은 7cm, 세 번째 손님은 9cm군요. 범인은 저기 두 번째 손님입니다."

박사의 말에 점원은 두 번째 손님을 추궁했고, 두 번째 손님은 뜨끔한 표정으로 점원에게 사과하고 피자값을 지불했다. 이제 무료로 피자를 먹을 수 있게 된 피타고레 박사는 즐거운 표정으로 자리에 앉았지만 이내 울상이 되어 고개를 푹 숙였다. 범인을 추리하던 그 짧은 사이에 일원이는 이미 피자 네 판을 모두 깨끗하게 먹어 치워 버렸기 때문이었다.

피타고레 박사는 어떻게 피자 한 조각의 반지름만으로 범인을 알 수 있었을까?

풀•이

피자 한 조각의 반지름은 원의 반지름과 같으므로 반지름이 7cm인 피자 조각을 먹던 손님은 지름 14cm인 피자를 먹은 것이다. 지름이 14cm인 피자 두 개가 나란히 있다면 전체 길이는 28cm가 된다. 점원이 보여 준 네 개의 피자가 들어 있던 정사각형 박스 한 변의 길이가 28cm였다.

7 × 4 = 28(cm)이므로 28cm 피자 박스 안에는 반지름이 7cm인 피자만 네 개 들어갈 수 있다.

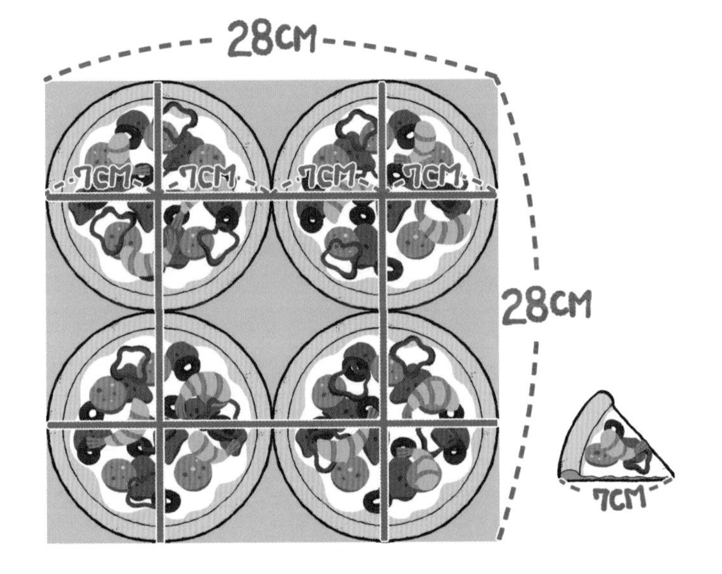

첫 번째 손님이 먹던 반지름이 5cm인 피자는 5 × 4 = 20(cm)가 되고, 세 번째 손님이 먹던 반지름이 9cm인 피자는 9 × 4 = 36(cm)가 되므로, 반지름이 7cm인 피자 조각을 먹고 있던 두 번째 손님이 범인이다.